U0177002

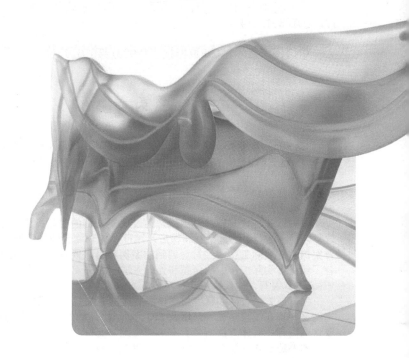

中文版

3ds Max 2022
入门教程

许晓莉 编著

人民邮电出版社
北　京

图书在版编目（CIP）数据

中文版3ds Max 2022入门教程 / 许晓莉编著. -- 北京 : 人民邮电出版社, 2023.9
ISBN 978-7-115-61596-1

Ⅰ. ①中… Ⅱ. ①许… Ⅲ. ①三维动画软件－教材
Ⅳ. ①TP391.414

中国国家版本馆CIP数据核字(2023)第076195号

内 容 提 要

3ds Max 是游戏、建筑表现、影视动画等领域常用的三维软件。本书全面介绍中文版 3ds Max 2022 的基本功能及实际运用，包括 3ds Max 2022 基础建模、二维图形建模、高级建模、材质与贴图、灯光与摄影机、环境和效果、渲染、三维动画、动力学、布料系统和商业综合案例。本书针对零基础的读者编写，可帮助入门级读者快速、全面地掌握 3ds Max 2022。

本书以各种重要技术为主线，通过课堂案例的实际操作，帮助读者快速上手，熟悉软件功能和应用。课堂案例和课后习题可以提升读者的实际操作能力。第 12 章的商业综合案例都是实际工作中经常会遇到的案例项目，既能达到强化训练的目的，又可以让读者了解更多实际工作中的问题和处理方法。另外，本书内容基于中文版 3ds Max 2022 和 V-Ray 5.0 编写，建议读者选择对应版本进行学习。

为方便教师教学和读者自学，本书提供课堂案例、课后习题、综合案例的场景文件、实例文件和在线教学视频，以及 PPT 教学课件（教师专享），读者可以通过在线方式获取这些资源，具体方法请参看本书"资源与支持"页。

本书适合作为院校和培训机构计算机、数字媒体、艺术等专业课程的教材，也可以作为建模爱好者的参考书。

◆ 编　　著　许晓莉
责任编辑　张丹丹
责任印制　马振武

◆ 人民邮电出版社出版发行　　北京市丰台区成寿寺路 11 号
邮编　100164　电子邮件　315@ptpress.com.cn
网址　https://www.ptpress.com.cn
北京捷迅佳彩印刷有限公司印刷

◆ 开本：690×970　1/16
印张：14　　　　　　　　　2023 年 9 月第 1 版
字数：335 千字　　　　　　2025 年 1 月北京第 8 次印刷

定价：69.80 元

读者服务热线：**(010)81055410**　印装质量热线：**(010)81055316**
反盗版热线：**(010)81055315**
广告经营许可证：京东市监广登字 20170147 号

前言

Autodesk 公司的 3ds Max 是一款十分优秀的三维动画制作软件。3ds Max 功能强大，自诞生以来就一直受到 CG 艺术家的喜爱。3ds Max 在模型塑造、场景渲染、动画及特效制作等方面都有突出的表现，这使其在室内设计、建筑表现、影视与游戏制作等领域中占据重要地位，成为非常受欢迎的三维软件之一。目前，许多院校和培训机构都将 3ds Max 作为一门重要的专业课程。为了帮助院校和培训机构的教师比较全面、系统地讲授这门课程，也为了帮助读者能够熟练地使用 3ds Max 进行效果图和动画的制作，我们编写了本书。

本书按照"课堂案例—软件功能解析—课后习题"的思路进行编写，力求通过课堂案例演练，使读者快速熟悉软件功能与制作思路；通过软件功能解析，使读者深入学习软件功能和制作技巧；通过课后习题提升读者的实际操作能力。本书内容通俗易懂，知识点细致全面；在文字叙述方面，注重言简意赅、突出重点；在案例选取方面，强调案例的针对性和实用性。

本书的参考学时为 64 学时，其中讲授环节为 32 学时，实训环节为 32 学时，各章的学时分配如下表所示。

章	课程内容	学时分配	
		讲授	实训
第1章	3ds Max 2022 基础	4	1
第2章	基础建模	3	4
第3章	二维图形建模	3	3
第4章	高级建模	3	3
第5章	材质与贴图	4	3
第6章	灯光与摄影机	2	2
第7章	环境和效果	2	1
第8章	渲染	2	3
第9章	三维动画	4	4
第10章	动力学	1	1
第11章	布料系统	1	1
第12章	商业综合案例	3	6
学时总计		32	32

由于编者水平有限，书中难免存在不足之处，望广大读者包涵并指正。

编者

2023 年 5 月

资源与支持

本书由"数艺设"出品，"数艺设"社区平台（www.shuyishe.com）为您提供后续服务。

配套资源

◆ 课堂案例、课后习题、综合案例的场景文件和实例文件

◆ 在线教学视频

◆ PPT 教学课件（教师专享）

（提示：微信扫描二维码关注公众号后，
输入 51 页左下角的 5 位数字，获得资源
获取帮助。）

资源获取请扫码

"数艺设"社区平台，为艺术设计从业者提供专业的教育产品。

与我们联系

我们的联系邮箱是 szys@ptpress.com.cn。如果您对本书有任何疑问或建议，请您发邮件给我们，并请在邮件标题中注明本书书名及 ISBN，以便我们更高效地做出反馈。

如果您有兴趣出版图书、录制教学课程，或者参与技术审校等工作，可以发邮件给我们。如果学校、培训机构或企业想批量购买本书或"数艺设"出版的其他图书，也可以发邮件联系我们。

关于"数艺设"

人民邮电出版社有限公司旗下品牌"数艺设"，专注于专业艺术设计类图书出版，为艺术设计从业者提供专业的图书、视频电子书、课程等教育产品。出版领域涉及平面、三维、影视、摄影与后期等数字艺术门类，字体设计、品牌设计、色彩设计等设计理论与应用门类，UI 设计、电商设计、新媒体设计、游戏设计、交互设计、原型设计等互联网设计门类，环艺设计手绘、插画设计手绘、工业设计手绘等设计手绘类。更多服务请访问"数艺设"社区平台 www.shuyishe.com。我们将提供及时、准确、专业的学习服务。

目录

第 3 章
二维图形建模 ………………037

第 4 章
高级建模 ………………………057

第 5 章
材质与贴图 085

第 6 章
灯光与摄影机 107

第 1 章

01

3ds Max 2022 基础

本章导读

3ds Max 是一款可视化三维建模与渲染软件。3ds Max
提供了丰富且灵活的工具,用户可通过全方位的建模与渲
染,打造出具有高级设计感的产品。3ds Max 在影视动画、
室内外设计、广告、游戏、虚拟现实等领域深受设计师的
青睐。

学习目标

- 了解 3ds Max 的应用领域。
- 熟悉 3ds Max 2022 的工作界面。
- 熟悉 3ds Max 2022 的菜单。
- 掌握 3ds Max 2022 工作环境的设置方法。

1.1 初识 3ds Max

学习3ds Max的使用方法之前，应该先了解3ds Max的概况、3ds Max的应用领域和3ds Max项目制作流程。了解3ds Max的基本情况，有助于我们有的放矢地学习和应用3ds Max，从而让它更好地服务我们的学习和工作。

1.1.1 3ds Max 的概况

Autodesk 3D Studio Max，简称3ds Max，是由Discreet公司（后合并到Autodesk公司）开发的一款在行业中领先的三维建模和渲染软件。在Discreet 3ds Max 7后，该软件正式更名为Autodesk 3ds Max。本书采用的版本是3ds Max 2022。3ds Max发展至今，共经历了20多个版本。

2021年3月，Autodesk公司正式发布3ds Max 2022，增加了"安全场景脚本执行"检测功能。在启动时，软件可以阻止不安全的命令运行，无论这些脚本使用的是MaxScript、Python还是.NET命令。此外，新增的恶意软件删除功能还能检测到场景文件和启动脚本中的已知恶意脚本并将其删除，如图1-1所示。

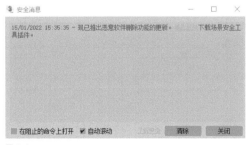

图 1-1

在众多三维软件中，相比Maya和Softimage，3ds Max更容易掌握，学习资源也非常丰富，是三维动画制作、建模、渲染入门学习的不错选择。

1.1.2 3ds Max 的应用

3ds Max可满足用户进行各种可视化设计的需求，如游戏角色设计、场景建模、电视电影特效制作等。接下来，本书将从建筑表现、数字特效等方面对3ds Max的应用进行介绍，以方便读者更好地了解这款软件。

◆ 1. 建筑表现

3ds Max在建筑表现方面的应用包括室内、室外和建筑动画3个方向。3ds Max提供了建模、动画、灯光、材质、渲染等一系列工具，同时还可以加载V-Ray渲染器，使得建筑表现的写实效果更完美。图1-2所示为一张建筑表现图。在虚拟现实领域的人机交互虚拟场景构建方面，3ds Max也得到了广泛的认可。

图 1-2

◆ 2. 数字特效

数字特效在电视、电影中深受观众的喜爱，3ds Max在数字特效中有广泛的应用。例如，《剑鱼行动》《阿凡达》《钢铁侠》《后天》《疯狂约会美丽都》等影视作品中都有3ds Max的应用。图1-3所示为用3ds Max制作的水、粒子特效。

3ds Max拥有方便、快捷的建模、灯光和渲染工具，以及精确的烘焙功能，因此成为游戏行业建模的首选。例如，《龙与地下城》《古墓丽影》《魔兽争霸》《刺客信条》等均有3ds Max的参与。图1-4所示为用3ds Max制作的游戏场景模型。

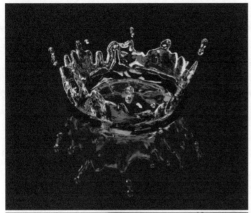

图1-3

图1-4

在制作文字、粒子、光效渲染效果方面，3ds Max不仅能提供强大的功能支撑，而且支持安装特效插件。创作人员使用3ds Max的建模、纹理表现、动画、灯光、渲染等功能，与后期

软件结合，可制作各种各样的栏目包装和影视广告。图1-5所示为用3ds Max制作的栏目包装片头。

图1-5

◆ 3. 其他应用

3ds Max一直在不断优化，在工业设计领域也取得了一些成绩，可以承担工业设计的任务。在新媒体创作中，3ds Max推出了可导出为"JSB-184(*.m3g)"格式的输出选项，意味着用3ds Max制作的内容在手机应用程序中也可以应用，这为移动端开发人员提供了便利。此外，在教育领域，3ds Max可搭建虚拟仿真实验室，为学校提供实验支持；在医疗卫生领域，可用三维模型形象地展示人体内部组织，同时结合虚拟现实技术为医学提供可视化服务；在军事等领域，3ds Max可模拟军事战场、搭建一些军事模拟系统。

1.1.3 3ds Max 项目制作流程

三维项目的制作大致可以分为3个阶段：前期策划、项目制作、后期合成。前期策划主要完成动画或者三维产品的规划与设计；项目制作包括模型的创建、动画的设置、灯光与材质的配置等操作；后期合成则需要配合合成软件对渲染输出的内容进行特效、声音、文字等处理，最后形成最终的产品。本书主要讲解3ds Max项目制作阶段的内容。为了使读者快速掌握软件的基本功能，这里介绍3ds Max中常用的操作模式和工作流程。

◆ 1. 场景设置

首次打开场景，为了让后续工作更方便，需要对单位、栅格距离、视图显示等进行设置。由于每个人的工作习惯不同，输入的对象不同，所以需要根据具体情况设置显示的单位，否则项目可能会出现误差。详细的操作方法可参考1.4.2小节"设置系统单位"。

◆ 2. 创建三维模型

创建三维模型是制作三维产品真正意义上的第一步。根据设计的图纸，使用3ds Max进行三维模型的塑造和三维场景的搭建。后续所有的工序都依赖这个三维模型，没有模型，材质、动画等都是空谈。

◆ 3. 为模型赋予材质

我们可以认为赋予模型材质就是给模型"穿衣服"。被赋予材质的模型可以模拟现实物体表面的质感、纹理、颜色、透明度等。在3ds Max中，模型表面的材质受周围光照等环境因素的影响。材质与贴图的详细内容可参考第5章"材质与贴图"。

◆ 4. 调整灯光和摄影机

当物体处于黑暗环境中时，其属性不太容易体现。光的照射可以让物体产生丰富的色彩，展示出物体的材质。3ds Max可以模拟带有各种属性的光源，起到丰富场景的效果。光影氛围的渲染是三维项目的重要组成部分，在软件场景中通过灯光、材质、环境的共同作用，可产生明暗对比并体现物体属性，使三维模型更逼真。在3ds Max中创建的摄影机，可以模拟现实摄影机的参数，也具有镜头、光圈、视野、运动控制·（如推、拉、摇、移、跟）等功能，可为后期输出服务。无论是视频还是图片的输出，都需要摄影机来完成。关于摄影机的相关内容，请参考本书第6章"灯光与摄影机"。

◆ 5. 制作动画

3ds Max通过记录关键帧的方式完成动画的制作。在3ds Max中，几乎能对场景中的任何对象或者参数进行动画记录，包括空间变化、形状变化及颜色变化等。例如，通过调整灯光的参数记录开关灯的效果，通过调整材质贴图的参数制作"换衣服"的效果。3ds Max的高级角色动画系统能辅助物体骨骼的绑定，记录行动、造型动画，同时还能制作模拟真实运动的动力学动画。

◆ 6. 添加特效

特效分为静态特效与动态特效两种，一种用于输出静帧作品，另一种用于输出动画效果。可以利用3ds Max的"环境与效果"功能完成烟雾效果、火焰效果、光晕效果等的制作，还可以搭配粒子系统完成下雨、下雪等效果的制作。

◆ 7. 渲染输出

所有的场景、环境都设置好以后，通过3ds Max自带的渲染器，如Arnold渲染器、扫描线渲染器，可将三维模型输出为平面图形图像或视频。还可以安装其他渲染器，如V-Ray渲染器，完成渲染工作。

1.2 3ds Max 2022

为了方便设计师操作，3ds Max 2022提供了灵活的设置方式，如可以隐藏不常用的工具、停靠常用的工具面板。设计师可以根据需求进行灵活的调整。

1.2.1 启动 3ds Max 2022

3ds Max 2022的启动方法有两种。

第1种：双击桌面上的快捷图标 3 。

第2种：在"开始"菜单中执行"所有程序>Autodesk>3ds Max 2022 –Simplified Chinese"命令，如图1-6所示。

3ds Max 2022的启动界面如图1-7所示。

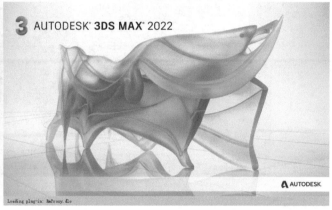

图1-6　　　　　　　　　　　　　　　　　图1-7

💡 技巧与提示

启动 3ds Max 2022后，系统会自动弹出"欢迎使用 3ds Max"界面，如图 1-8 所示。如果想在启动 3ds Max 2022 后不弹出欢迎界面，可以在该界面左下角取消勾选"在启动时显示此欢迎屏幕"复选框。若需要恢复欢迎界面的显示，可以在进入工作界面后，执行"帮助 > 欢迎屏幕"命令来打开该界面，如图 1-9 所示。

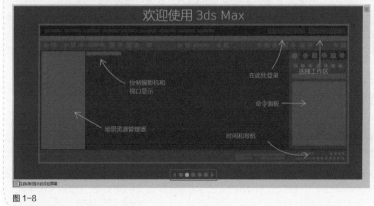

图1-8　　　　　　　　　　　　　　　　　图1-9

1.2.2 3ds Max 2022 的工作界面

3ds Max 2022的工作界面分为标题栏、菜单栏、场景资源管理器、主工具栏、视图区、命令面板、时间控制区、状态栏和视图控制区，如图1-10所示。

默认状态下，主工具栏、命令面板、场景资源管理器分别停靠在界面的上方、右侧、左侧，用拖曳的方式可将它们移动到界面的其他位置，调整后的示例效果如图1-11所示。调整后的面板将以浮动的状态呈现在界面中。使用3ds Max时，设计师可以根据需要进行个性化调整。

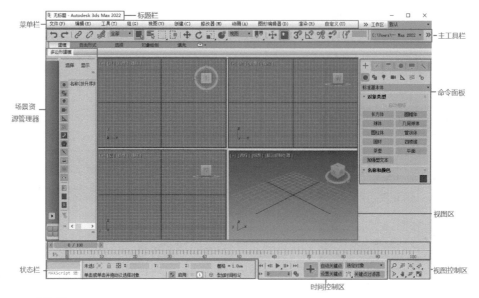

图 1-10

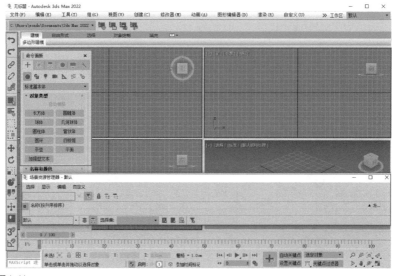

图 1-11

1.2.3 菜单栏

菜单栏位于工作界面的顶部,包含"文件"菜单、"编辑"菜单、"工具"菜单、"组"菜单、"视图"菜单、"创建"菜单、"修改器"菜单、"动画"菜单、"图形编辑器"菜单、"渲染"菜单、"自定义"菜单、"脚本"菜单、Arnold菜单和"帮助"菜单,共14个主菜单,如图1-12所示。

无标题 - Autodesk 3ds Max 2022

文件(F) 编辑(E) 工具(T) 组(G) 视图(V) 创建(C) 修改器(M) 动画(A) 图形编辑器(D) 渲染(R) 自定义(U) 脚本(S) Arnold 帮助(H)

图 1-12

1.2.4 主工具栏

主工具栏中集合了常用的编辑工具，图1-13所示为默认状态下的主工具栏。

图 1-13

把鼠标指针放置在主工具栏中的按钮上，会出现提示框，显示对应的功能。以"捕捉开关"为例，将鼠标指针放置在"捕捉开关"按钮上，会出现图1-14所示的功能提示框。一些按钮的右下角有一个三角形图标，单击该图标就会弹出工具列表。以"捕捉开关"为例，单击"捕捉开关"按钮右下角的三角形图标会弹出捕捉工具列表，可选择二维、2.5维、三维捕捉功能，如图1-15所示。

图1-14　　　　　　　　　　　图1-15

💡 技巧与提示

显示器的分辨率较低时，主工具栏中的工具可能无法完全显示出来，将鼠标指针放置在主工具栏的空白处，当鼠标指针变成手的形状时，左右拖曳主工具栏，即可查看没有显示出来的工具。

在默认情况下，很多工具栏都处于隐藏状态，如果需要调出这些工具栏，可以在主工具栏的空白处单击鼠标右键，然后在弹出的菜单中选择相应的工具栏，如图1-16所示。如果需要调出所有隐藏的工具栏，可以执行"自定义 > 显示 UI> 浮动工具栏"命令，再次执行"自定义 > 显示 UI> 浮动工具栏"命令可以将浮动的工具栏隐藏起来，如图1-17所示。

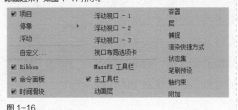

图 1-16

图 1-17

1.2.5 视图区

视图区位于工作界面的中心，默认状态下显示为4个视图，包括顶视图、左视图、前视图和透视视图。在这些视图中，可以从不同的角度对场景中的对象进行观察和编辑。

视图的左上角会显示视图的名称及对象的显示方式，右上角有一个导航器（不同视图对应的显示状态不同），如图1-18所示。

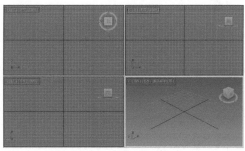

图 1-18

💡 技巧与提示

每一个视图都有对应的快捷键，顶视图的快捷键是T，底视图的快捷键是B，左视图的快捷键是L，前视图的快捷键是F，透视视图的快捷键是P，摄影机视图的快捷键是C。

3ds Max 2022中视图名称由 4 个部分组成，在这 4 个部分单击鼠标右键会弹出不同的菜单。第 1 个菜单▇用于还原、激活、禁用视图及设置导航栏等，如图 1-19 所示；第 2 个菜单▇用于切换视图的显示类型，如图 1-20 所示；第 3 个菜单▇用于选择三维对象在视图中的显示样式，如图 1-21 所示；第 4 个菜单▇用于设置对象在视图中的显示模式，如图 1-22 所示。

| 图 1-19 | 图 1-20 | 图 1-21 | 图 1-22 |

1.2.6 命令面板

命令面板有6个，默认状态下显示"创建"面板，其他面板分别为"修改"面板、"层次"面板、"运动"面板、"显示"面板和"实用程序"面板。每一个面板的卷展栏里又包含许多相关功能，例如，"创建"面板中包含"几何体""图形""灯光""摄影机""辅助对象""空间扭曲""系统"7个选项卡，如图1-23所示。

图 1-23

◆ 1."创建"面板

在"创建"面板中可以创建7种类型的对象，分别是几何体、图形、灯光、摄影机、辅助对象、空间扭曲、系统。"几何体"选项卡中包含"对象类型""名称和颜色"两个卷展栏。"对象类型"卷展栏中包括"长方体""球体""圆柱体""圆环""茶壶"等三维对象的创建按钮，如图1-24所示，单击相应的按钮，即可在视图区创建对应的三维对象。

图 1-24

💡 技巧与提示

使用"创建"面板创建对象的方法将在后面的章节中详细讲解。

◆ 2."修改"面板

"修改"面板用于调整场景对象的参数，显示对象被执行过的命令信息，可在修改器下拉列表中选择要添加的修改器。选择视图中的对象，默认状态下的"修改"面板如图1-25所示。

图 1-25

◆ 3. "层次"面板

"层次"面板中包括"轴"、IK和"链接信息"3个按钮，如图1-26所示。该面板用于调节相互链接的对象之间的层次关系，其中，"链接信息"按钮主要用于为对象建立链接关系，从而创建复杂的运动，模拟关节结构，设置骨骼的旋转和滑动参数。

图 1-26

◆ 4. "运动"面板

"运动"面板中的工具与参数用于调整选定对象的运动属性，如果指定的动画控制器有参数，则在该面板中显示参数信息。"运动"面板包含"指定控制器""PRS参数""位置XYZ参数"等卷展栏，如图1-27所示。"运动"面板还提供了针对选中对象的运动控制功能，可以控制选中对象的运动路径，以及为它指定各种动画控制器，对各个关键点的信息进行编辑。

图 1-27

> 💡 技巧与提示
>
> "运动"面板中的工具可直接调整关键点的时间及缓入和缓出效果。"运动"面板还提供了"轨迹视图"的替代选项来指定动画控制器。例如，如果指定的动画控制器具有参数，则在"运动"面板中可以显示其参数卷展栏。

◆ 5. "显示"面板

"显示"面板用于控制视图场景中对象的显示方式。用户可通过显示、隐藏、冻结等控制方式更好地完成建模与动画。"显示"面板包含"显示颜色""按类别隐藏""隐藏""冻结""显示属性""链接显示"等卷展栏，如图1-28所示。

图 1-28

◆ 6. "实用程序"面板

"实用程序"面板集合了各种外部工具程序（有些工具由第三方提供），可以完成一些特殊的操作。该面板中，默认状态下显示8种置入程序："透视匹配""塌陷""颜色剪贴板""测量""运动捕捉""重置变换"、MAXScript、Flight Studio（c）。单击"更多"按钮，可以加载其他的程序，如图1-29和图1-30所示。

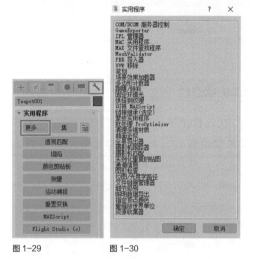

图 1-29   图 1-30

1.2.7 时间控制区

时间控制区包括时间滑块、轨迹栏和时间控制工具三大部分。时间滑块位于视图的最下方，主要用于浏览动画，默认的帧数为100，具体数值可以根据动画长度进行修改。拖曳时间滑块可以使其在帧之间迅速移动，单击时间滑块两边的向左箭头图标 < 或向右箭头图标 > ，可以向前或者向后移动一帧。轨迹栏位于时间滑块的下方，如图1-31所示，主要用于显示帧数和选定对象的关键点，可以进行移动、复制、删除关键点及更改关键点的属性等操作。

图 1-31

> **技巧与提示**
>
> 轨迹栏的左侧有一个“打开迷你曲线编辑器”按钮，单击该按钮可以显示轨迹视图。

时间控制工具位于状态栏的右侧，这些工具用于控制动画的播放，包括对关键点、时间的控制，如图1-32所示。

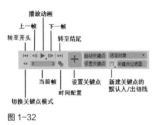

图 1-32

1.2.8 状态栏

状态栏位于轨迹栏的下方，它提供了选定对象的数目、类型、变换值和栅格数目等信息，并且状态栏可以基于当前鼠标指针位置和当前活动程序提供动态反馈信息，如图1-33所示。

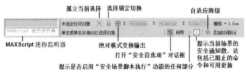

图 1-33

1.2.9 视图控制区

视图控制区位于时间控制区右下方，主要用于控制视图的显示和导航。使用其中的工具可以缩放、平移和旋转活动的视图，如图1-34所示。

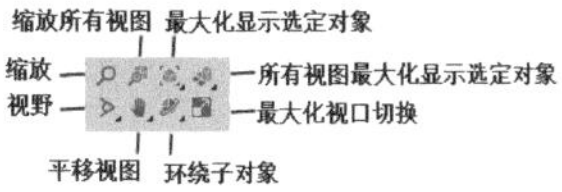

图 1-34

1.3 3ds Max 2022 菜单

3ds Max 2022的菜单栏如图1-35所示。菜单栏将命令进行了分类整理，方便用户操作。

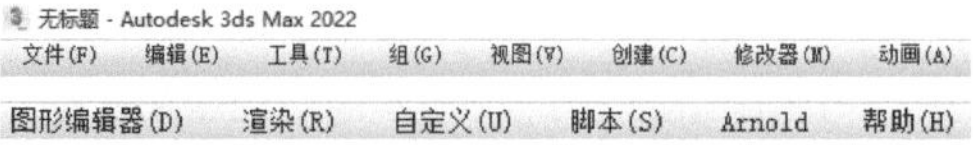

图 1-35

1.3.1 “文件”菜单

“文件”菜单主要包含“新建”“重置”“打开”“保存”“另存为”等文件调用命令，如图1-36所示。每执行一次文件调用命令，系统会自动记录上一次调用文件的路径，最近打开的文件就会被定位。

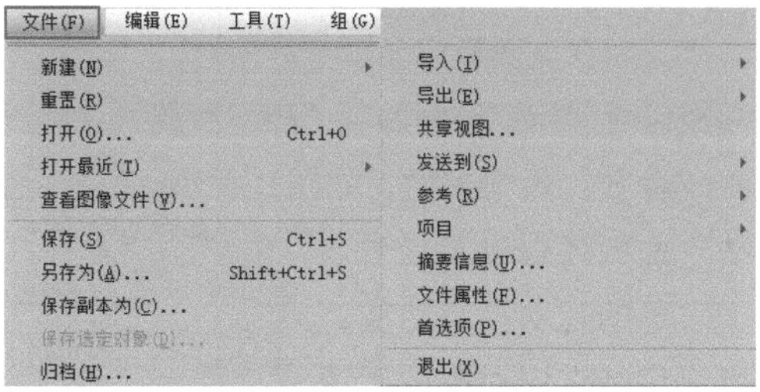

图 1-36

1.3.2 “编辑”菜单

“编辑”菜单包含21个操作命令，用于在场景中选择和编辑对象，如图1-37所示。

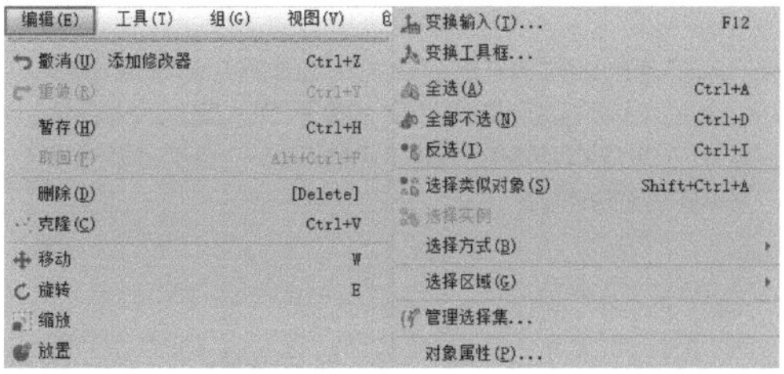

图 1-37

1.3.3 “工具”菜单

“工具”菜单提供了用于操作对象的常用工具，大多数命令在主工具栏中都可以直接执行，如“场景资源管理器”“镜像”“阵列”等。部分不太常用的命令则可以通过菜单执行。“工具”菜单如图1-38所示。

图 1-38

1.3.4 "组"菜单

"组"菜单中的命令可以将两个或多个对象进行组合，为组对象命名，以及管理组对象。"组"菜单如图1-39所示。

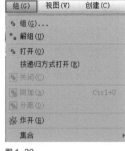

图 1-39

1.3.5 "视图"菜单

"视图"菜单用于对视图区进行设置，可对当前视图进行移动、显示、缩放等操作，可设置活动视图、正交视图，还可直接在视图中创建物理摄影机、标准摄影机。"视图"菜单如图1-40所示。

图 1-40

1.3.6 "创建"菜单

"创建"菜单与"创建"面板的功能相同，相关介绍请参考1.2.6小节。"创建"菜单如图1-41所示。使用"创建"菜单中的命令可直接在场景中创建标准基本体、扩展基本体、复合、粒子、灯光、摄影机等对象。

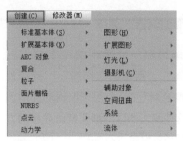

图 1-41

1.3.7 "修改器"菜单

"修改器"菜单包含"修改"面板中的部分内容。"修改器"菜单如图1-42所示。在该菜单中，对于当前选中对象的类型和状态，不允许应用的修改命令会以灰色模式显示。

图 1-42

1.3.8 "动画"菜单

"动画"菜单集合了常用的动画制作功能，包括"IK解算器""约束"等，还有CAT动画系统和骨骼工具，其中约束和控制器也可以在"运动"面板和曲线编辑器中进行指定。"动画"菜单如图1-43所示。

图1-43

中。"渲染"菜单如图1-45所示。

图1-45

1.3.9 "图形编辑器"菜单

"图形编辑器"菜单中的命令分别对应"轨迹视图""新建图解视图""粒子视图""运动混合器"这4个用来编辑动画的图形编辑器。这些编辑器以图形化窗口显示的方式方便用户对场景对象进行编辑。"图形编辑器"菜单及"轨迹视图-曲线编辑器"窗口如图1-44所示。

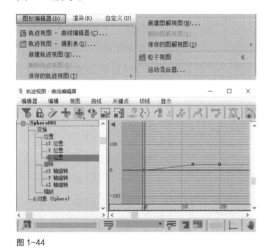

图1-44

1.3.10 "渲染"菜单

视图中的效果无法显示出三维图形更高质量的效果。通过渲染,可以将指定的材质、灯光及背景与大气环境等效果综合输出,或者将三维场景转换为二维图像,为三维场景拍摄照片或者录制视频。可通过"渲染"菜单对渲染选项进行设置,将渲染结果保存到文件

1.3.11 "自定义"菜单

"自定义"菜单主要包含对工作界面进行改变的命令,用户可根据实际工作需要或者个人习惯来自定义工作界面。例如,本书在编写过程中采用了浅色显示模式,其修改步骤为执行"自定义>自定义用户界面"命令,在弹出的对话框中单击 "颜色"选项卡,在列表框中选择 "视口背景"选项,如图1-46所示。

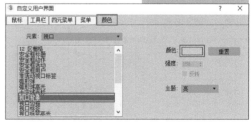

图1-46

1.3.12 "脚本"菜单

3ds Max提供了一种类似C语言的脚本语言——MAXScript，用于调用软件内部功能，用户也可以自己编写一些特殊的功能，完成软件自身无法完成的工作。"脚本"菜单如图1-47所示。

图1-47

1.3.13 Arnold 菜单

Arnold渲染器是一款高级、跨平台的渲染器。Arnold for 3ds Max（MAXtoA）是3ds Max 2022的默认渲染器，支持通过界面进行交互式渲染。要转换旧场景和不支持的资源以配合MAXtoA使用，可执行"渲染"菜单中的"场景转换器"命令。Arnold菜单如图1-48所示。

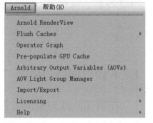

图1-48

1.3.14 "帮助"菜单

"帮助"菜单提供了各种帮助信息，方便用户更好地学习3ds Max，如图1-49所示。

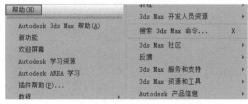

图1-49

可以根据个人的工作需求和操作习惯，在使用软件之前进行个性化的工作环境设置，常见的是对系统单位、栅格间距和视图等进行设置。

1.4.1 设置文件自动备份

3ds Max 2022对计算机的配置要求比较高，占用的系统资源也比较多。在运行3ds Max 2022时，由于某些计算机配置较低和系统性能不稳定等，可能会出现文件关闭或宕机现象。当进行较为复杂的计算（如光影追踪渲染）时，一旦出现无法恢复的故障，就会丢失之前所做的各项操作，造成无法弥补的损失。

要解决这类问题，除了提高计算机硬件的配置外，还可以通过增强系统稳定性来减少宕机现象。在一般情况下，可以通过以下3种方法来提高系统的稳定性。

第1种：经常保存场景，快捷键为Ctrl+S。

第2种：在运行3ds Max 2022时，尽量少启动其他程序，硬盘也要留有足够的缓存空间。

第3种：如果当前文件发生了不可恢复的错误，可以通过备份文件来打开前面自动保存的场景。

设置文件自动备份的方法如下。

执行"自定义>首选项"命令，在弹出的"首选项设置"对话框中单击"文件"选项卡，在"自动备份"选项组中勾选"启用"复选框，在此设置备份间隔分钟数和备份名称，单击"确定"按钮，如图1-50所示。

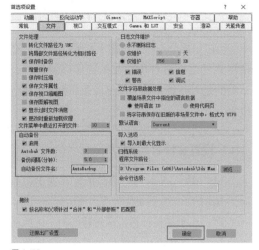

图 1-50

1.4.2 设置系统单位

在开始制作之前,应对3ds Max 2022中的单位进行设置,这样才能制作出精确的对象。执行"自定义>单位设置"命令,打开"单位设置"对话框,在"显示单位比例"选项组中选择一个"公制"单位(默认是"毫米"),如图1-51所示,接着单击"系统单位设置"按钮,打开"系统单位设置"对话框,选择一个"系统单位比例",如图1-52所示。

图 1-51   图 1-52

1.4.3 菜单命令的快捷键

在执行菜单栏中的命令时会发现,某些命令后面有对应的快捷键,如图1-53所示。在操作时,使用快捷键能大大提高工作效率,例如

"移动"命令的快捷键为W,在英文输入状态下,按W键即可执行"移动"命令。

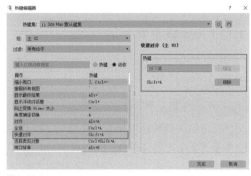

图 1-53

另外,还可以根据自己的操作习惯更新和设置快捷键。执行"自定义>热键编辑器"命令,打开图1-54所示的对话框,在此对话框中可定义、修改相应的快捷键。

图 1-54

1.4.4 设置栅格与捕捉

在创建三维对象的过程中,经常需要对多边形的顶点、边、面等设置捕捉对齐,所以需要将鼠标指针移动至"捕捉开关"按钮 ³ 上,然后单击鼠标右键,在弹出的图1-55所示的窗口中对相关属性进行设置,以提高操作效率。此外,也可以在此窗口中对视图显示的栅格属性进行调整,便于进行精确的捕捉,如图1-56所示。

图 1-55   图 1-56

02

基础建模

本章导读

3ds Max 2022 中的基础建模技术包括创建标准基本体、扩展基本体、复合对象等。几何对象的创建是三维建模的基础。本章主要介绍 3ds Max 中创建几何体和修改几何体对象参数的方法，同时介绍建模常用工具的使用方法，包括移动、旋转、复制、阵列、镜像等工具。

学习目标

- 掌握标准基本体的创建方法。
- 掌握扩展基本体的创建方法。
- 掌握复合对象的创建方法。
- 掌握门、窗、楼梯、AEC 扩展体的创建方法。

2.1 标准基本体建模

标准基本体是3ds Max场景中可直接观看和渲染的几何体,可通过拖曳鼠标或者输入参数值的方式直接创建。在"创建"面板中单击"几何体"选项卡,然后在下拉列表中选择几何体类型为"标准基本体"。"标准基本体"包含11种对象类型,分别是"长方体""圆锥体""球体""几何球体""圆柱体""管状体""圆环""四棱锥""茶壶""平面""加强型文本",如图2-1所示。

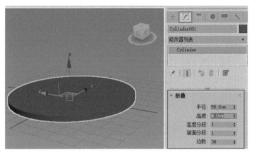

图2-1

2.1.1 课堂案例:制作电商广告场景

场景位置	无
实例位置	实例文件 >CH02>2.1.1 课堂案例:制作电商广告场景 .max
学习目标	学习各种标准基本体的创建和在三维空间移动、复制、旋转对象的方法

本案例运用创建基本几何体的方法制作电商广告场景,案例效果如图2-2所示。

图2-2

操作步骤

01 单击"标准基本体"中的"圆柱体"按钮,在场景中创建一个圆柱体,在"修改"面板中修改"半径"为50cm、"高度"为4cm、"高度分段"为1、"端面分段"为1、"边数"为36,如图2-3所示。在状态栏中修改圆柱体的坐标信息,将 x 轴、y 轴、z 轴的坐标置零

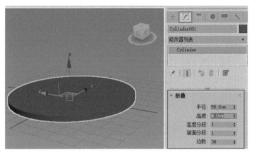

图2-3

02 在前视图中,在按住 Shift 键的同时按住鼠标左键,沿 y 轴拖曳复制第二个圆柱体,打开图 2-4 所示的"克隆选项"对话框,单击"确定"按钮。在"修改"面板中修改"半径"为 40cm、"高度"为 2cm,如图 2-5 所示。在状态栏中修改圆柱体 z 轴坐标为 4cm X: 0.0cm ▲▼ Y: 0.0cm ▲▼ Z: 4.0cm ▲▼ 。

图2-4

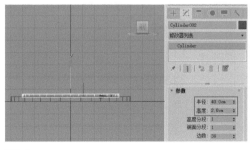

图2-5

03 在前视图中,在按住 Shift 键的同时按住鼠标左键,沿 y 轴拖曳复制第三个圆柱体。在"修改"面板中修改"半径"为30cm、"高度"为8cm,如图 2-6 所示。在状态栏中修改圆柱体 z 轴坐标为 6cm X: 0.0cm ▲▼ Y: -0.0cm ▲▼ Z: 6.0cm ▲▼ 。

图 2-6

04 在顶视图中创建一个"半径"为 2cm 的球体作为地灯装饰，如图 2-7 所示。在状态栏中修改球体的 x 轴坐标为 45cm，z 轴坐标为 5cm X: 45.0cm Y: -0.0cm Z: 5.0cm 。

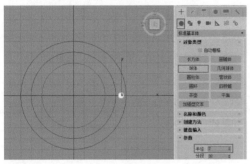

图 2-7

05 在"层次"面板中调整球体的轴，单击"仅影响轴"按钮，在顶视图中将球体的轴中心点移动到即将要旋转复制的中心位置，如图 2-8 所示。

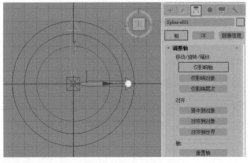

图 2-8

06 选中球体，单击主工具栏中的"旋转"按钮 ⟳，同时打开"角度捕捉" ◱，在顶视图中，在按住 Shift 键的同时按住鼠标左键，沿 z 轴旋转球体 30°，在弹出的"克隆选项"对话框中选择"复制"选项，设置"副本数"为 11，如图 2-9 所示。

图 2-9

07 单击"确定"按钮，关闭"克隆选项"对话框，顶、左、前、透视 4 个视图中的效果如图 2-10 所示。

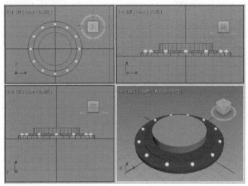

图 2-10

08 在"创建"面板"几何体"选项卡的下拉列表中选择"楼梯"选项，将"楼梯"的"类型"设置为"落地式"，在"布局"选项组中选择"逆时针"单选项，设置"半径"为 10cm、"旋转"为 0.46、"宽度"为 3.4 cm，设置"梯级"选项组的"总高"为 8cm、"竖板高"为 0.667cm，如图 2-11 所示。

09 在顶视图中选择楼梯，单击主工具栏中的"镜像"按钮 ▦，在弹出的对话框中进行设置，如图 2-12 所示，复制一个对称的楼梯，并移动楼梯到合适的位置，如图 2-13 所示。

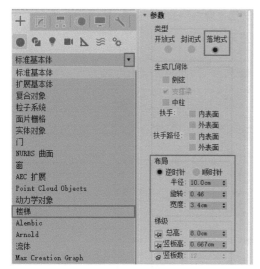

图 2-11

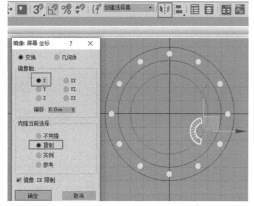

图 2-12

图 2-13

10 为避免后续的操作误删、移动已经创建好的对象的位置，可以框选这些对象，然后单击鼠标右键，在弹出的菜单中执行"冻结当前选择"命令，将其冻结。冻结以后的对象呈灰白色，不能移动。想要解除冻结，可单击鼠标右键，在弹出的菜单中执行"全部解冻"命令。这样的设置会让后续的操作更方便、快捷，如图 2-14 所示。

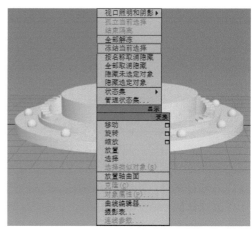

图 2-14

11 单击"标准基本体"中的"加强型文本"按钮，如图 2-15 所示，在场景中创建文字 618 的三维对象，将其作为主角。单击"修改"按钮，将"参数"卷展栏中的"字体"修改为 Arial、Regular，如图 2-16 所示。

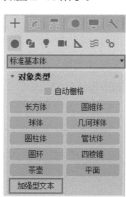

图 2-15

图 2-16

12 在文字 618 的"几何体"卷展栏中设置"挤出"为 4cm，勾选"应用倒角"复选框，使文字更加立体、美观，如图 2-17 和图 2-18 所示。

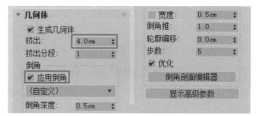

图 2-17

图 2-18

13 在前视图中，单击"标准基本体"中的"圆柱体"按钮，创建一个立面圆柱体，具体参数设置如图 2-19 所示。

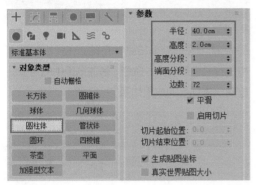

图 2-19

14 移动第 13 步创建的立面圆柱体到图 2-20 所示的位置，也可以在状态栏中将立面圆柱体的 y 轴坐标设为 50cm，z 轴坐标设为 40cm X: 0.0cm　Y: 50.0cm　Z: 40.0cm 。

15 在前视图中，单击"标准基本体"中的"圆环"按钮，创建一个"半径 1"为 41cm、"半径 2"为 1cm、"分段"为 72、"边数"为 36 的圆环，具体参数设置如图 2-21 所示，效果如图 2-22 所示。

图 2-20

图 2-21

图 2-22

16 选中圆环，单击主工具栏中的"选择并均匀缩放"按钮 ，在按住 Shift 键的同时，按住鼠标左键向中心拖曳缩放，在弹出的"克隆选项"对话框中选择"复制"选项，设置"副本数"为 1，单击"确定"按钮，如图 2-23 所示，复制出一个圆环。重复此操作，再复制出 1 个圆环。

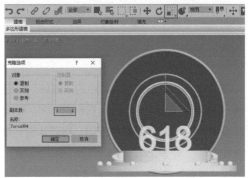

图 2-23

17 在前视图中，单击"标准基本体"中的"球体"按钮，创建一个"半径"为1cm、"分段"为32的球体作为霓虹灯，在状态栏中设置x轴坐标为37cm，设置y轴坐标为47cm，设置z轴坐标为40cm，如图2-24和图2-25所示。

图2-24

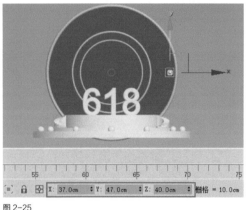

图2-25

18 单击命令面板中的"层次"按钮，调整球体的轴，单击"仅影响轴"按钮，如图2-26所示。在前视图中，将球体的轴中心点移动到即将要旋转复制的中心位置，中心位置的参考坐标为 X: 0.0cm Y: 47.0cm Z: 40.0cm 。

图2-26

19 选中球体，单击主工具栏中的"旋转"按钮，并打开"角度捕捉"，在前视图中，在按住Shift键的同时按住鼠标左键，将球体沿z轴旋转15°，在弹出的"克隆选项"对话框中，选择"复制"选项，设置"副本数"为23，如

图2-27所示。单击"确定"按钮，复制出23个球体作为霓虹灯装饰。

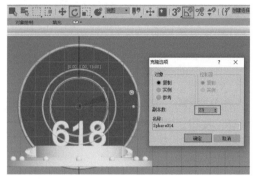

图2-27

20 在视图空白处单击鼠标右键，在弹出的菜单中执行"全部解冻"命令，解冻场景中的对象，电商广告场景的效果如图2-28所示。

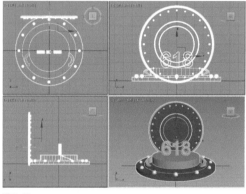

图2-28

2.1.2 长方体

长方体是建模中常用的六面几何体，现实中有很多物体的形状与长方体相似，所以使用长方体可以创建出许多模型，如桌子、墙体、椅子等。长方体的图例如图2-29所示。长方体参数面板主要用于设置长度、宽度、高度及对应分段等参数，如图2-30所示。

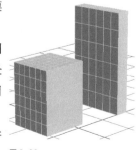

图2-29

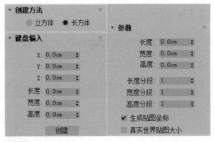

图 2-30

2.1.3 圆锥体

使用圆锥体可创建圆锥、圆台、棱锥等，例如，创建冰激凌的外壳、吊坠等。圆锥体的图例如图2-31所示。其参数面板用于设置圆锥体底部和顶部的半径、高度、边数等，如图2-32所示。

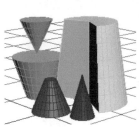

图 2-31

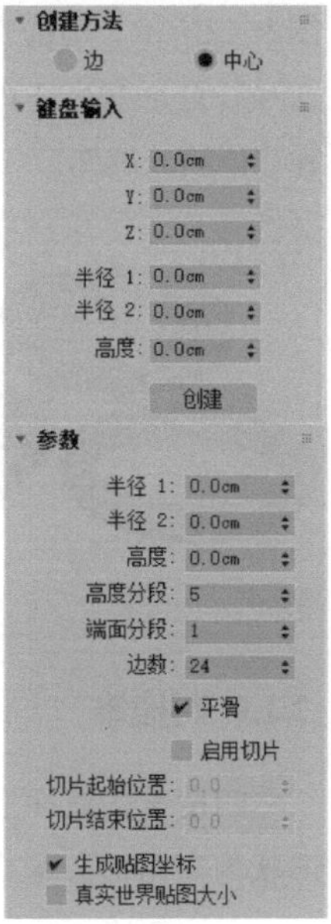

图 2-32

2.1.4 球体

球体是现实生活中比较常见的物体，在3ds Max 2022中，可以创建完整的球体，也可以创建部分球体等。球体的图例如图2-33所示。其参数面板用于设置球体的半径、分段等，如图2-34所示。勾选"启用切片"复选框，还可以创建被切割的半球体。

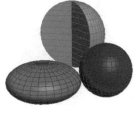

图 2-33

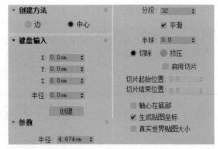

图 2-34

2.1.5 几何球体

使用几何球体可以创建由三角形面拼接而成的球体或半球体，它不像球体那样可以控制切片局部的大小。几何球体的形状与球体的形状很接近，如果创建的是圆球或者半球，基本没有差别，但是由于它由三角形面构成，所以在进行面的分离特效（如爆炸）时，几何球体可以分解为四面体、八面体等。几何球体的图例如图2-35所示。其参数面板用于设置几何球体的半径、分段数，球体的基点面类型等，如图2-36所示。

图 2-35

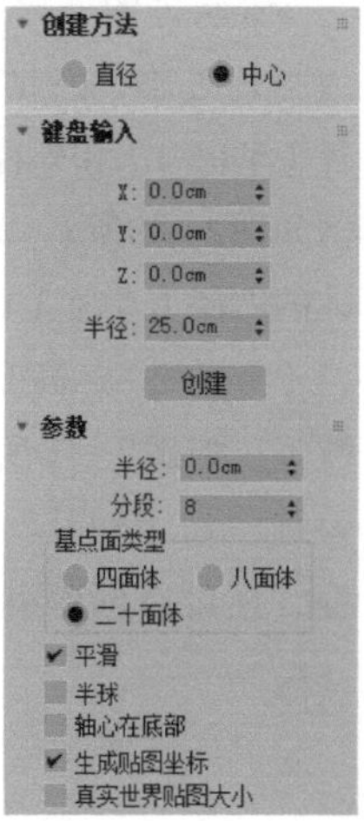

图 2-36

2.1.6 圆柱体

使用圆柱体可创建棱柱体、圆柱体和局部圆柱体等，如用来创建玻璃杯和桌腿等。当圆柱体的高度为0时，会产生圆形或扇形平面。圆柱体的图例如图2-37所示。其参数面板用于设置圆柱体的半径、高度、高度分段等，如图

2-38所示。勾选"启用切片"复选框，还可以创建扇形圆柱体。

图2-37

图2-38

2.1.7 管状体

管状体的外形与圆柱体相似，但管状体为空心对象，因此管状体有两个半径，即内径（半径 1）和外径（半径 2）。管状体的图例如图2-39所示。其参数面板用于设置管状体的内径（半径 1）、外径（半径 2）、高度、边数等，如图2-40所示。勾选"启用切片"复选框，还可以创建扇形管状体。

图2-39

图2-40

2.1.8 圆环

使用圆环可以创建环形或具有圆形横截面的环状物体。圆环包含主半径（半径 1）和次半径（半径 2），即圆环内半径和外半径。圆环的图例如图2-41所示。其参数面板用于设置圆环的主半径（半径 1）、次半径（半径 2）、旋转、扭曲、分段、边数等，如图2-42所示。勾选"启用切片"复选框，还可以创建扇形封口圆环。

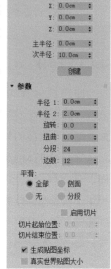

图2-41

图2-42

2.1.9 四棱锥

四棱锥的底面形状为正方形或矩形，侧面形状为三角形，配合Ctrl键可以创建底面为正方形的四棱锥。四棱锥的图例如图2-43所示。其参数面板用于设置四棱锥的宽度、深度、高度及分段等，如图2-44所示。

图2-43

图2-44

2.1.10 茶壶

茶壶在室内场景中是经常使用的一个物体。单击"茶壶"按钮,可以方便、快捷地创建出一个精度较低的茶壶。茶壶的图例如图2-45所示。其参数面板用于设置茶壶的半径和分段等,如图2-46所示,单独勾选茶壶部件对应的复选框,如壶体、壶把、壶嘴、壶盖,可创建对应的三维对象。

图 2-45

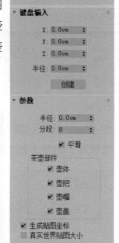

图 2-46

2.1.11 平面

平面是一类特殊的多边形网格对象,可以在渲染时扩大尺寸和增加分段数量,也可以将任何类型的修改器应用于平面,从而模拟山地地形。平面对象在建模过程中使用的频率非常高,例如创建墙面和地面等。平面的图例如图2-47所示。其参数面板用于设置平面的长度、宽度及分段等,如图2-48所示。

图 2-47

图 2-48

2.2 扩展基本体建模

扩展基本体是基于标准基本体的一种扩展对象,共有13种类型,分别是"异面体""环形结""切角长方体""切角圆柱体""油罐""胶囊""纺锤""L-Ext""球棱柱""C-Ext""环形波""软管""棱柱",如图2-49所示。本节对基础建模工作中比较常用的扩展基本体的应用和参数进行介绍。

图 2-49

2.2.1 课堂案例:制作组合沙发

场景位置	无
实例位置	实例文件 >CH02>2.2.1 课堂案例:制作组合沙发 .max
学习目标	学习切角长方体和圆柱体的创建、移动、旋转等方法

本案例利用切角长方体和圆柱体制作组合沙发,效果如图2-50所示。

图 2-50

操作步骤

01 单击"扩展基本体"中的 L-Ext 按钮,在场景中创建一个扩展几何体。在主工具栏中单击"旋转"按钮 C,将沙发L形底座在透视视图中沿 y 轴旋转90°,如图2-51和图2-52 所示。

图 2-51

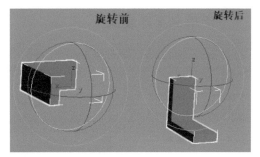

图 2-52

02 选择创建的扩展几何体,单击"修改"按钮 ,修改其名称为"底座",并修改其"侧面长度"为75cm、"前面长度"为90cm、"侧面宽度"为12cm、"前面宽度"为12cm、"高度"为240cm,如图 2-53 所示。

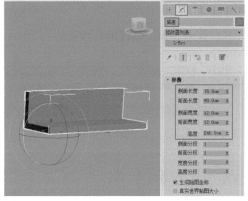

图 2-53

03 单击"扩展基本体"中的"切角圆柱体"按钮,在场景中创建一个切角圆柱体作为沙发脚,并修改其名称为"脚",修改"参数"卷展栏中的"半径"为6cm、"高度"为12cm、"圆角"为1cm,如图 2-54 和图 2-55 所示。

图 2-54

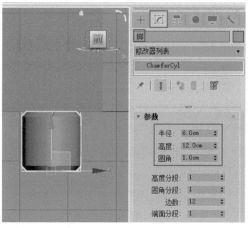

图 2-55

04 移动"脚"对象,将其放置在沙发底座的合适位置,如图 2-56 所示。

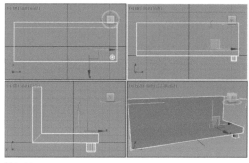

图 2-56

05 单击"选择并移动"按钮 ,在按住 Shift 键的同时向底座的其他3个角的方向移动复制"脚"对象,如图 2-57 所示。

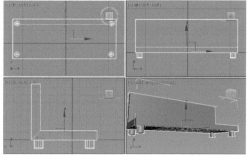

图 2-57

06 单击"扩展基本体"中的"切角长方体"按钮,在场景中创建一个切角长方体作为沙发坐垫，并修改其名称为"坐垫"。单击"修改"按钮 ，修改"坐垫"的"长度"为 80cm、"宽度"为 80cm、"高度"为 24cm、"圆角"为 8cm，如图2-58和图2-59所示。

图 2-58

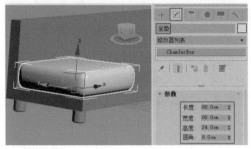

图 2-59

6cm，如图 2-61 和图 2-62 所示。

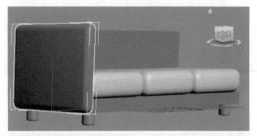

图 2-61

图 2-62

07 单击主工具栏中的"选择并移动"按钮 ，在按住 Shift 键的同时，按住鼠标左键沿 x 轴拖曳，在弹出的"克隆选项"对话框中选择"复制"选项，设置"副本数"为 2，如图 2-60 所示，然后单击"确定"按钮，复制出 2 个坐垫。

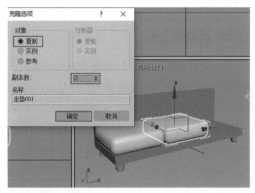

图 2-60

08 单击"扩展基本体"中的"切角长方体"按钮，在场景中创建一个切角长方体作为沙发扶手，并修改其名称为"扶手"，单击"修改"按钮 ，修改"扶手"的"长度"为 95cm、"宽度"为 12cm、"高度"为 80cm、"圆角"为

09 单击主工具栏中的"选择并移动"按钮 ，在按住 Shift 键的同时，按住鼠标左键沿 x 轴拖曳，在弹出的"克隆选项"对话框中进行设置，如图 2-63 所示，然后单击"确定"按钮，复制出一个对称的扶手。

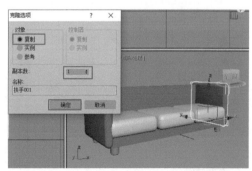

图 2-63

10 单击"扩展基本体"中的"切角长方体"按钮，在场景中创建一个切角长方体作为沙发靠背，并修改其名称为"靠背"。单击"修改"按钮 ，修改"靠背"的"长度"为 24cm、"宽度"为 80cm、"高度"为 90cm、"圆角"为 8cm，如图 2-64 所示。

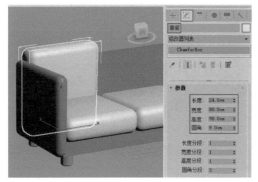

图 2-64

11 单击主工具栏中的"选择并移动"按钮 ✛，在按住 Shift 键的同时，按住鼠标左键沿 x 轴拖曳，在弹出的"克隆选项"对话框中进行设置，如图 2-65 所示，然后单击"确定"按钮，复制 2 个靠背。

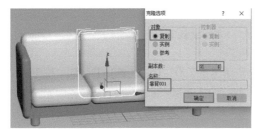

图 2-65

12 依靠扩展基本体创建的沙发模型效果如图 2-66 所示。

图 2-66

💡 技巧与提示

在复制对象时，会弹出"克隆选项"对话框（见图 2-60），其中包含"复制""实例""参考"3 个单选项，这三者的区别如下。

选择用"复制"方式复制对象，在修改复制体（复制出的对象）的参数值时，源物体（也就是被复制的对象）不会发生变化；选择用"实例"方式复制对象，进行的是与源物体有关联的复制，在修改复制体的参数值时，源物体也会发生相同的变化；选择用"参考"方式复制对象，两个物体是主次关系，修改源物体会影响复制体，而修改复制体则不会影响源物体。

用户在复制对象时，可根据实际情况选择复制方式。

2.2.2 异面体

使用异面体可以创建由各种奇特表面组合成的多面体，通过参数调整制作出种类繁多、造型多变的几何体。异面体是一种很典型的扩展基本体，可以用它来创建四面体、立方体和星形等，异面体的图例如图 2-67 所示。其参数面板用于设置异面体的类型，如四面体、立方体、十二面体、星形等，通过修改"半径"值调整异面体的大小，修改"系列参数"的 P、Q 的值切换异面体顶点与面之间的关联从而改变形状，如图 2-68 所示。

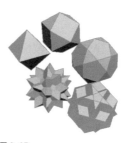

图 2-67

图 2-68

2.2.3 切角长方体

使用切角长方体可以创建带圆角效果的长方体、立方体，切角长方体的图例如图 2-69 所示。其参数面板用于设置切角长方体的长度、宽度、高度、圆角及其分段等，如图 2-70 所示。

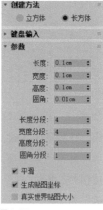

图 2-69

图 2-70

2.2.4 切角圆柱体

使用切角圆柱体可以创建带圆角效果的圆柱体,如创建瓶罐、化妆品盒子、开关等模型,切角圆柱体的图例如图2-71所示。其参数面板用于设置切角圆柱体的半径、高度、圆角及分段等,如图2-72所示。修改"边数"值可细化切角的边缘,勾选"启用切片"复选框可以创建扇形切角圆柱体。

图 2-71

图 2-72

2.3 复合对象建模

使用3ds Max 2022内置的对象可以创建出很多优秀的模型,复合对象功能可以将两个以上的对象通过特殊的合成方式组合成一个新的对象,新对象的参数可反复调整,还可以表现为动画。灵活多变、造型新颖的复合对象建模方式,大大节省了建模时间,也为动画的创作增添了许多表现形式。复合对象包括10种建模工具,如图2-73所示。

图 2-73

2.3.1 课堂案例:制作旋转花瓶

场景位置	无
实例位置	实例文件 >CH02>2.3.1 课堂案例: 制作旋转花瓶 .max
学习目标	学习"放样"按钮的使用方法,并掌握如何调节放样的形状

本案例运用"放样"按钮制作旋转花瓶,案例效果如图2-74所示。

图 2-74

操作步骤

01 在"创建"面板中单击"图形"选项卡,在下拉列表中选择"样条线"选项,单击"星形"按钮,如图 2-75 所示。

图 2-75

02 在透视视图中绘制一个星形,并设置其"半径 1"为 50cm、"半径 2"为 34cm、"点"为 8、"圆角半径 1"为 7cm、"圆角半径 2"为 8cm,具体参数设置如图 2-76 所示。

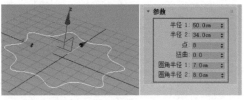

图 2-76

03 单击"样条线"中的"线"按钮,如图 2-77 所示。在前视图中按住 Shift 键,绘制一条竖直样条线作为放样路径,如图 2-78 所示。

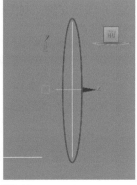

图 2-77　　　　　图 2-78

04 选择星形，单击"几何体"选项卡"复合对象"中的"放样"按钮，在"创建方法"卷展栏中单击"获取路径"按钮，如图 2-79 所示。

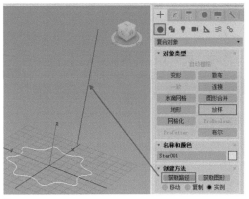

图 2-79

05 选择放样几何体，单击"修改"按钮，在"变形"卷展栏中单击"缩放"按钮，如图 2-80 所示。

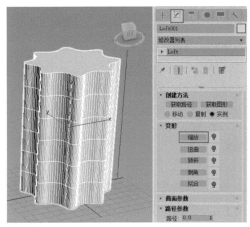

图 2-80

06 打开"缩放变形"窗口，调整曲线。单击"插入角点"按钮，在曲线上添加 3 个角点，在角点上单击鼠标右键，在弹出的菜单中执行"Bezier- 平滑"命令，使用"移动工具"将曲线调整得更流畅，如图 2-81 所示。场景中的对象也会随之变换，效果如图 2-82 所示。

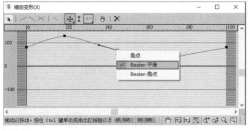

图 2-81

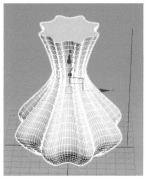

图 2-82

07 在"变形"卷展栏中单击"扭曲"按钮，在打开的"扭曲变形"窗口中调节曲线的形状，如图 2-83 所示，效果如图 2-84 所示。

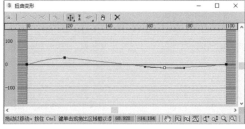

图 2-83

图 2-84

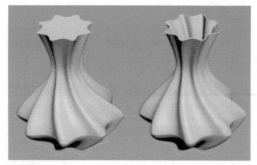

图 2-85

08 删除封顶的面，并添加"壳"修改器，最终效果如图 2-85 所示。

2.3.2 图形合并

使用"图形合并"按钮可以将一个或多个二维图形嵌入其他对象的网格中，从而产生相交或相减的效果，图形合并的图例如图2-86所示。其参数面板主要用于对象的运算设置，如选择图形以参考、复制、移动、实例的方式进行运算，如图2-87所示。

图 2-86

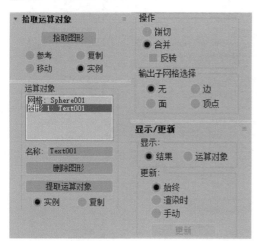

图 2-87

2.3.3 布尔

布尔运算通过对两个操作对象进行并集、差集、交集、合并、附加等运算，得到新的物体形态。一般一个操作对象叫A，另一个操作对象叫B，布尔运算的参数面板如图2-88所示，用于添加运算对象，选择运算对象之间进行的是并集、合并、交集、附加、差集还是插入运算。对象A与对象B进行并集、交集、差集运算的结果如图2-89所示。

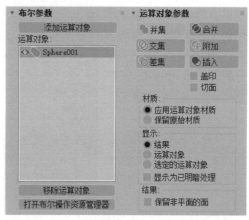

图 2-88

图 2-89

2.3.4 放样

放样是将一个二维图形作为沿某个路径的剖面,从而形成复杂的三维对象的操作。放样是一种特殊的建模方法,能快速地创建出多种对象,放样的图例如图2-90所示。其参数面板用于选择创建放样对象是以移动、复制、实例的方式获取路径还是获取图形,并通过"变形""曲面参数""路径参数""蒙皮参数"等卷展栏进行详细参数的调整,如图2-91所示。

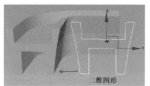

图 2-90

图 2-91

2.4 门、窗、楼梯和 AEC 扩展体

3ds Max 2022提供了可以直接创建门、窗、楼梯和AEC扩展体对象的工具,可以快速地创建各种型号的门、窗、楼梯和AEC扩展体对象,如图2-92所示。

图 2-92

2.4.1 课堂案例:制作室外一角

场景位置	场景文件 >CH02>2.4.1 小屋 .max
实例位置	实例文件 >CH02>2.4.1 课堂案例: 制作室外一角 .max
学习目标	学习门、窗、楼梯和 AEC 扩展体对象的创建与参数调整

本案例运用门、窗、楼梯和AEC扩展体对象制作室外一角,效果如图2-93所示。

图 2-93

操作步骤

01 执行"文件 > 导入 > 合并"命令,如图2-94所示。将本小节配套资源中的"场景文件 > CH02>2.4.1 小屋 .max"导入 3ds Max 2022 中,如图 2-95 所示。

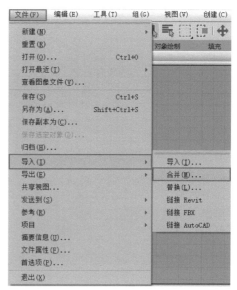

图 2-94

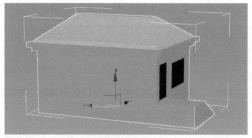

图 2-95

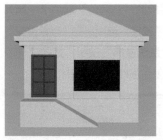

图 2-98

02 在"创建"面板的"几何体"选项卡中展开下拉列表，选择"门"选项，在"对象类型"卷展栏中单击"枢轴门"按钮，如图 2-96 所示，在场景中创建一扇枢轴门。

03 设置门的"高度"为 210cm、"宽度"为 120cm、"深度"为 8cm，"门框"的"宽度"为 6cm、"深度"为 2cm、"门偏移"为 0cm，"页扇参数"的"厚度"为 2cm、"门挺 / 顶梁"为 4cm、"底梁"为 12cm、"水平窗格数"为 2、"垂直窗格数"为 3、"镶板间距"为 5，选择"有倒角"单选项，并根据外观调整倒角的参数，也可以保持默认设置，如图 2-97 所示。最后将创建的门移动至房屋的门框处，如图 2-98 所示。

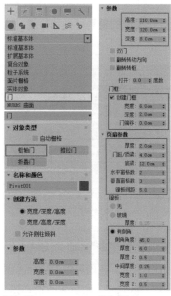

图 2-96 　　　　　　图 2-97

04 在"创建"面板的"几何体"选项卡中展开下拉列表，选择"窗"选项，在"对象类型"卷展栏中单击"固定窗"按钮，如图 2-99 所示，在场景中创建一扇固定窗。

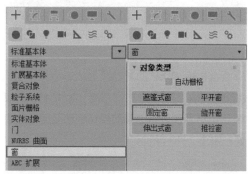

图 2-99

05 设置窗的"高度"为 160cm、"宽度"为 240cm、"深度"为 8cm，"窗框"的"水平宽度"为 2cm、"垂直宽度"为 2cm、"厚度"为 0.5cm，"玻璃"的"厚度"为 0.2cm，"窗格"的"宽度"为 3cm、"水平窗格数"为 5、"垂直窗格数"为 3，如图 2-100 所示。将创建的窗户移动至房屋的窗户处，如图 2-101 所示。

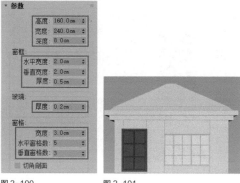

图 2-100 　　　　　　图 2-101

06 在"创建"面板的"几何体"选项卡中展开下拉列表，选择"楼梯"选项，在"对象类型"卷展栏中单击"直线楼梯"按钮，如图 2-102 所示，在场景中创建落地式直线楼梯。

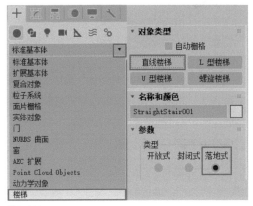

图 2-102

07 设置楼梯"布局"的"长度"为255cm、"宽度"为244cm，"梯级"的"总高"为131cm，如图 2-103 所示。将创建的楼梯移动至房屋的前面，如图 2-104 所示。

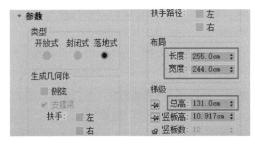

图2-103

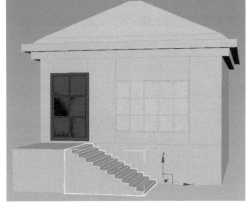

图 2-104

08 在"创建"面板的"几何体"选项卡中展开下拉列表，选择"AEC 扩展"选项，如图 2-105 所示。单击"对象类型"卷展栏中的"植物"按钮，选择"收藏的植物"卷展栏中的"孟加拉菩提树""垂柳"，如图 2-106 所示，将其拖曳至场景中，摆放在合适的位置。

图 2-105

图 2-106

09 可以自主设计所摆放的植物种类和位置，效果如图 2-107 所示。

图 2-107

10 在"创建"面板中单击"图形"选项卡，单击"线"按钮，如图 2-108 所示。在场景中沿楼梯面创建一条线段作为栏杆的路径，如图 2-109 所示。

图 2-108

图 2-109

11 在"创建"面板的"几何体"选项卡中展开下拉列表，选择"AEC 扩展"选项，单击"对象类型"卷展栏中的"栏杆"按钮，然后单击"栏杆"卷展栏中的"拾取栏杆路径"按钮，在场景中拾取第 10 步绘制的栏杆路径，并设置"上围栏"的"深度"为 2cm、"宽度"为 2cm、"高度"为 100cm，如图 2-110 所示。

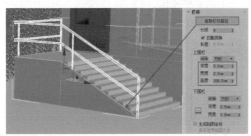

图 2-110

12 在"立柱"卷展栏中单击"立柱间距"按钮，打开"立柱间距"窗口，将"计数"值增加到 20，如图 2-111 所示。按 Enter 键后关闭

窗口，场景中栏杆的效果如图 2-112 所示。

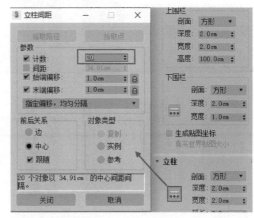

图 2-111

图 2-112

室外一角的最终效果如图2-113所示。

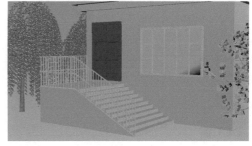

图 2-113

2.4.2 门

3ds Max 2022提供了直接创建门对象的功能，能快速地生成各种型号的门对象，包括枢轴门、推拉门、折叠门3种类型的门，其各自参数的含义也大同小异。枢轴门可以是单扇的也可以是双扇的，可向内开也可向外开，只需要设置相关参数；推拉门是左右滑动的门，一半固定，另一半可推拉；折叠门可折叠成四扇或两扇。3种类型的门的效果如图2-114所示。创建门对象的参数面板分

为三大板块，包括创建方法、参数、页扇参数，如图2-115所示。

图 2-114

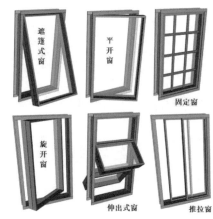

图 2-116

2.4.4 楼梯

3ds Max 2022提供了4种类型的楼梯对象：直线楼梯、L型楼梯、U型楼梯和螺旋楼梯。楼梯的"创建"面板如图2-117所示。通过设置参数有助于用户快速建模，且用户根据需求修改参数后就能得到一个满意的楼梯对象。默认情况下，可为楼梯对象指定7个不同的材质ID，打开相应的材质库，就能获得所需的材质。

图 2-117

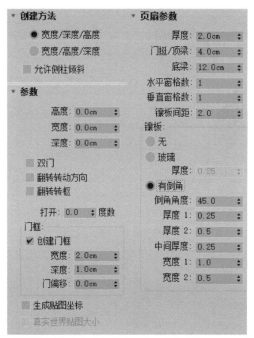

图 2-115

2.4.3 窗

窗户对象包括遮篷式窗、平开窗、固定窗、旋开窗、伸出式窗、推拉窗6种类型，创建方式都相同，大部分的基础参数也相同，含义也大同小异。6种类型的窗的效果如图2-116所示。

◆ 1. 直线楼梯

没有休息平台的直线楼梯对象有开放式、封闭式、落地式3种，效果如图2-118所示。直线楼梯的参数面板分为四大板块，包括参数、支撑梁、栏杆、侧弦，如图2-119所示。

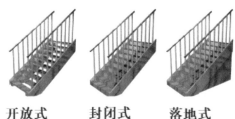

图 2-118

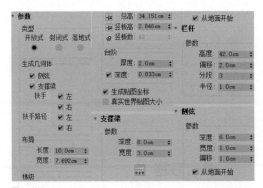

图 2-119

◆ 2.L 型楼梯

转弯处带有直角平台的两段楼梯对象称为L型楼梯，有开放式、封闭式、落地式3种，效果如图2-120所示。L型楼梯对象与直线楼梯对象不同的参数如图2-121所示。

图 2-120

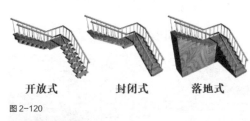

图 2-121

◆ 3.U 型楼梯

有休息平台的U型楼梯对象有开放式、封闭式、落地式3种，效果如图2-122所示。U型楼梯对象与直线楼梯对象不同的参数如图2-123所示。

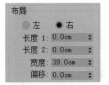

图 2-123

◆ 4. 螺旋楼梯

呈螺旋上升的圆柱形楼梯对象称为螺旋楼梯，有开放式、封闭式、落地式3种，效果如图2-124所示。螺旋楼梯对象的"生成几何体"选项组中添加了"中柱"复选框，所以在螺旋楼梯的中心位置可创建一根圆柱。螺旋楼梯对象与直线楼梯对象不同的参数如图2-125所示。

图 2-124

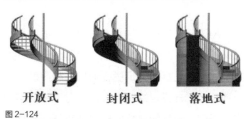

图 2-125

2.4.5 AEC 扩展

AEC扩展用于创建建筑工程领域的特殊几何体，可方便、快捷地创建室内外效果图，包括3类对象：植物、栏杆和墙，如图2-126所示。

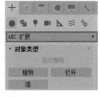

图 2-126

◆ 1. 植物

3ds Max 2022默认提供了12种植物，可快速创建多种植物对象，可以通过参数控制植物的高度、枯荣程度等，效果及参数面板如图2-127和图2-128所示。

孟加拉菩提树　一般的棕榈　苏格兰松树　丝兰　蓝色的针松　美洲榆

垂柳　大戟属植物　芳香蒜　大丝兰　春天的日本樱花　一般的樱树

图2-127

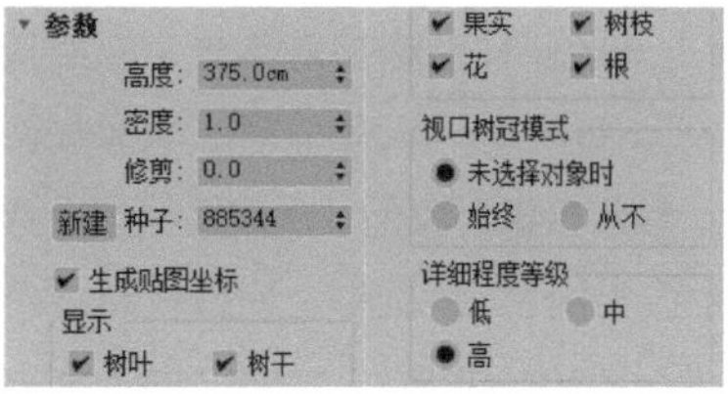

图2-128

◆ 2. 栏杆

　　AEC扩展中的栏杆用于创建牧场的围栏、楼梯扶手等。AEC扩展提供了两种创建栏杆的方式：一种是直接指定栏杆的位置和高度；另一种是将栏杆指定给路径，然后对栏杆的参数进行修改。栏杆的参数面板包括栏杆、立柱、栅栏3部分，如图2-129所示。

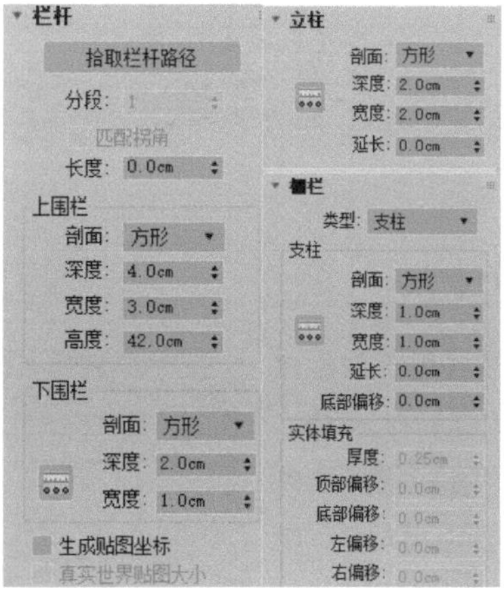

图2-129

◆ 3. 墙

　　AEC扩展中的墙用于创建墙体对象，并可以对墙体对象进行断开、插入、删除等操作，其参数面板如图2-130所示。墙体对象由3个级别的子对象构成，与编辑样条线的方式类似，

可编辑墙体对象的顶点、分段及轮廓。

图2-130

2.5 课后习题

　　本节准备了两个课后习题，读者可参考教学视频完成练习。

2.5.1 课后习题：制作儿童游乐园

场景位置	无
实例位置	实例文件 >CH02>2.5.1 课后习题: 制作儿童游乐园.max
学习目标	练习标准基本体、扩展基本体和复合对象的创建方法，并练习移动、复制、旋转等操作

　　参考效果如图2-131所示。

图2-131

2.5.2 课后习题：制作冰激凌

场景位置	无
实例位置	实例文件 >CH02>2.5.2 课后习题: 制作冰激凌.max
学习目标	练习样条线的绘制方法，并用"车削"修改器将样条线转换为三维模型

　　参考效果如图2-132所示。

图2-132

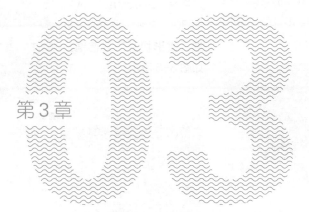

第 3 章

二维图形建模

本章导读

本章主要介绍 3ds Max 2022 的二维图形建模技术，包括样条线、NURBS 曲线、复合图形、扩展样条线和 Max Creation Graph 5 种类型的图形。在许多模型的创建过程中，二维图形建模方法比较相似。样条线可以转换为 NURBS 曲线，也可以由其他矢量图绘制软件生成，如 Illustrator、CorelDraw、AutoCAD 等，用这些软件绘制的样条线可以直接导入 3ds Max 2022 中使用。

学习目标

- 了解二维图形建模的思路。
- 掌握样条线的绘制方法。
- 掌握样条线的编辑方法。
- 掌握二维图形建模的方法。

3.1 常用样条线类型

二维图形由一条或多条样条线组成，通过调整样条线的元素、参数能创建出各种二维图形，二维图形又能转换为三维模型。图3-1和图3-2为优秀的样条线建模作品。

图 3-1

图 3-2

3.1.1 课堂案例：制作园林花窗

场景位置	无
实例位置	实例文件 >CH03>3.1.1 课堂案例：制作园林花窗 .max
学习目标	学习样条线的创建方法，了解如何修改"渲染"卷展栏中的参数，掌握将二维图形转换为三维模型的方法

本案例运用样条线制作园林花窗，案例效果如图3-3所示。

图 3-3

操作步骤

01 单击"创建"面板中的"图形"选项卡，单击"样条线"中的"弧"按钮，如图 3-4 所示。在前视图中创建一个弧形，并修改其"半径"为60cm、"从"为30、"到"为150，勾选"饼形切片"复选框，如图 3-5 所示。

图 3-4

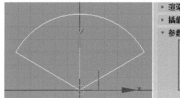

图 3-5

02 选择创建的弧形，按快捷键 Ctrl+C 复制弧形，再按快捷键 Ctrl+V 原地粘贴弧形，修改复制的弧形的"半径"为120cm，如图 3-6 所示。

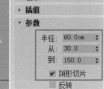

图 3-6

03 框选创建的两个弧形，单击鼠标右键，弹出图 3-7 所示的菜单，执行"转换为 > 转换为可编辑样条线"命令，将弧形转换为样条线。

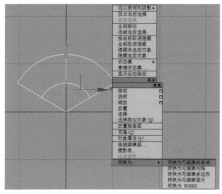

图 3-7

04 选择小弧形，单击"修改"按钮 ，选择"线段"级别，删除重叠的线段，如图 3-8 所示。

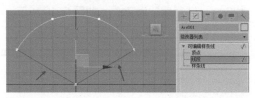

图 3-8

05 选择大弧形，单击鼠标右键，在弹出的菜单中执行"细化"命令，在相交的位置细化顶点，以便删除多余的线段，如图 3-9 所示。

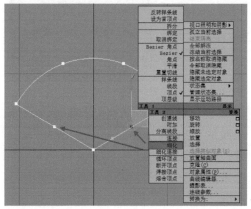

图 3-9

06 选择大弧形，单击"修改"按钮 ，选择"线段"级别，删除底部的线段，如图 3-10 所示，形成图 3-11 所示的形状。

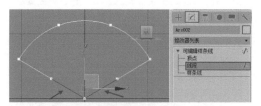

图 3-10

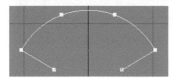

图 3-11

07 选择任意一个弧形，单击鼠标右键，在弹出的菜单中执行"附加"命令，将两个弧形附加为一个样条线图形，如图 3-12 所示。

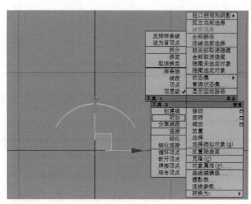

图 3-12

08 选择附加后的弧形，单击"修改"按钮 ，选择"顶点"级别，分别框选底部的两个顶点，展开"几何体"卷展栏，如图 3-13 所示。在"几何体"卷展栏中修改"焊接"为 1cm，然后单击"焊接"按钮，再单击"熔合"按钮，如图 3-14 所示。此步骤的目的是将小弧形的顶点与大弧形的顶点合为一个，让图形合二为一。

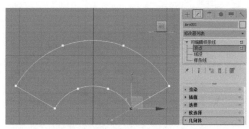

图 3-13

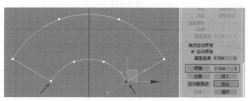

图 3-14

💡 技巧与提示

判断两个或者多个顶点是否已经"焊接"为一个顶点，可展开"修改"面板中的"选择"卷展栏进行查看。框选顶点，"选择"卷展栏中即可显示"选择了样条线 1/ 顶点 1"等信息，其中，"顶点 1"表示图形中顶点的序号，如图 3-15 所示。

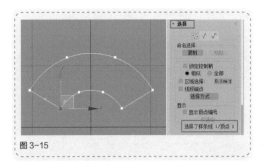

图 3-15

09 选择合成后的弧形，单击"修改"按钮 ，展开"渲染"卷展栏，勾选"在渲染中启用""在视口中启用"复选框，修改"矩形"的"长度"为 12cm、"宽度"为 4cm，具体参数设置如图 3-16 所示，形成花窗的外框立体模型，如图 3-17 所示。

图 3-16

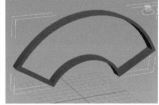

图 3-17

10 单击"创建"面板中的"图形"选项卡，单击"样条线"中的"线"按钮，取消勾选"开始新图形"复选框，在前视图中绘制图 3-18 所示的窗格样条线。

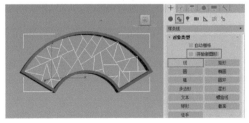

图 3-18

11 选择窗格样条线，单击"修改"按钮 ，展

开"渲染"卷展栏，勾选"在渲染中启用""在视口中启用"复选框，修改"矩形"的"长度"为 6cm、"宽度"为 2cm，如图 3-19 所示。形成窗格三维立体模型，如图 3-20 所示。

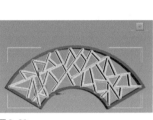

图 3-19　　　　图 3-20

12 调整窗格样条线的顶点位置，园林花窗的效果如图 3-21 所示。

图 3-21

💡 技巧与提示

本案例的操作方法旨在使读者初步了解样条线的一些几何编辑功能。创建案例中的扇形外窗框有多种方法，例如，使用"复合图形"功能进行布尔运算，先选中大弧形，单击"复合图形"中"布尔参数"卷展栏中的"添加运算对象"按钮，添加场景中的小弧形，再单击"减去"按钮减去小弧形，如图 3-22 所示，得到图 3-23 所示的效果，与第 8 步得到的图形相同。

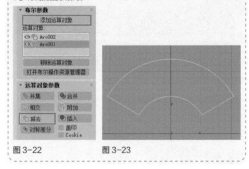

图 3-22　　　　图 3-23

3.1.2 样条线

3ds Max 2022 中的样条线一共有 13 种类

型，如图3-24所示，"对象类型"卷展栏中的"开始新图形"复选框默认为勾选状态，绘制的每一条样条线都作为独立的对象存在。如果取消勾选"开始新图形"复选框，则绘制的多个样条线对象会作为一个整体存在，绘制时可根据需求选择是否勾选此复选框。

图 3-24

大多数样条线的参数面板功能相似，包含"渲染""创建方法""键盘输入""插值"等卷展栏，如图3-25所示。

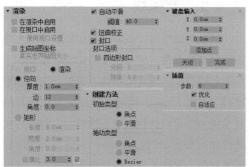

图 3-25

3.1.3 NURBS 曲线

NURBS曲线是图形对象，在制作样条线时可以使用它。可以使用"挤出"或"车削"修改器来生成基于NURBS曲线的三维曲面。还可以将NURBS曲线用作放样的路径或图形。NURBS曲线参数面板的"对象类型"卷展栏中包含"点曲线""CV曲线"按钮，如图3-26所示。

图 3-26

NURBS曲线参数面板与样条线参数面板相似，用于设置NURBS曲线在渲染时呈现的形状，其卷展栏如图3-27所示。分别展开"创建CV曲线"和"创建点曲线"卷展栏，如图3-28所示。

图 3-27

图 3-28

3.1.4 扩展样条线

扩展样条线包括"墙矩形""通道""角度""T形""宽法兰"5种对象类型，如图3-29所示，常用于创建建筑工业的造型。

图 3-29

扩展样条线参数面板与样条线参数面板相似，包含"渲染""插值""创建方法""键盘输入"等卷展栏，如图3-30所示。

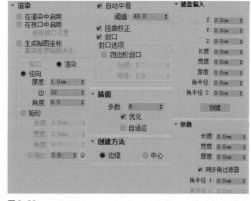

图 3-30

3.1.5 复合图形

复合图形只包含"图形布尔"一种对象类型。"图形布尔"按钮在场景中有两条以上样条线的情况下可用，默认状态下呈灰色不可用。复合图形的"对象类型"卷展栏如图3-31

所示。复合图形参数面板的"渲染""插值"卷展栏与样条线参数面板的相似，单击"图形布尔"按钮，通过布尔运算可将两条及以上样条线组合成新图形。"布尔参数"卷展栏用于对两个样条线对象进行运算，包括"并集""合并""相交""附加""减去""插入""对称差分"，如图3-32所示。

图 3-31

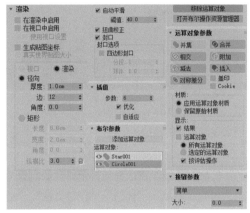

图 3-32

3.1.6 Max Creation Graph

Max Creation Graph是2018版本新增功能，可生成二十面体的简单图形或者创建自定义长方体。该功能可生成3种对象类型，分别为MCG Donut、Mesh Edges、Sin Wave，如图3-33所示。在Max Creation Graph中生成基本修改器，然后使用图形来创建指定类别的复合节点，将Max Creation Graph附带的Push Random复合用作处理核心，从而将高低不平的外观应用于网格对象。想要获得更好的编辑创建效果，可启动3ds Max的"脚本"菜单，选择Max Creation Graph编辑器，打开Max Creation Graph窗口，如图3-34所示。

图 3-33

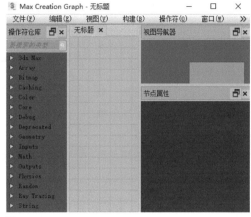

图 3-34

3.2 绘制样条线

样条线建模对一些复杂流线型模型的创建有着独特的优势，应用也非常广泛，主要在于用样条线建模的速度相当快。例如，制作三维字体、立体Logo，或者是通过矢量图设计的复杂图形都可以快速创建三维模型。样条线在软件中可分为4种使用类型：一是作为平面和线条对象，在修改渲染参数后用作地面、文字图案、广告牌等；二是作为应用"挤出""车削"等修改器所需的截面图形；三是作为放样对象使用的曲线；四是作为对象运动的路径。

3.2.1 课堂案例：制作立体 Logo

场景位置	无
实例位置	实例文件 >CH03>3.2.1 课堂案例：制作立体 Logo.max
学习目标	学习椭圆、矩形、文本等二维图形的绘制技巧及布尔运算知识

本案例运用二维图形及布尔运算知识制作熊猫立体Logo，案例效果如图3-35所示。

图 3-35

操作步骤

① 单击"图形"选项卡，单击"样条线"中的"椭圆"按钮，如图 3-36 所示。在前视图中创建一个椭圆，在"修改"面板中修改其名称为"椭圆1"，并修改"长度"为60cm、"宽度"为70cm，如图 3-37 所示。在状态栏中修改椭圆坐标信息，将 x 轴、y 轴、z 轴坐标归零 X: 0.0cm｜Y: 0.0cm｜Z: 0.0cm，方便后续对齐和调整其他样条线。

图 3-36

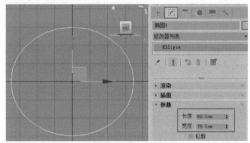

图 3-37

② 在前视图中选中"椭圆1"，按快捷键Ctrl+C，然后按 3 次快捷键 Ctrl+V，在原坐标位置复制 3 个椭圆，分别命名为"椭圆2""椭圆3""椭圆4"。单击"圆"按钮，在前视图中创建一个圆，并修改其"半径"为10cm，如图 3-38 所示，将其重命名为"耳朵"。

③ 选择"耳朵"圆形，单击"复合图形"中的"图形布尔"按钮，单击"运算对象参数"卷展栏中的"减去"按钮，单击"布尔参数"卷展栏中的"添加运算对象"按钮，添加任意一个椭圆，将两图形相减，如图 3-39 所示。

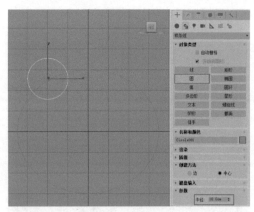

图 3-38

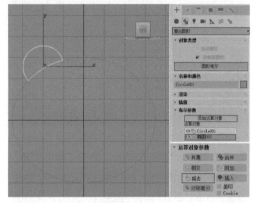

图 3-39

④ 单击剩下 3 个椭圆中的任意一个作为 Logo的参考图形进行冻结，再将一个椭圆移动至图3-40 所示位置。选择两个椭圆进行布尔运算，单击"运算对象参数"卷展栏中的"减去"按钮，如图 3-41 所示，创建"熊猫"的手部。

⑤ 单击"样条线"中的"圆"按钮，在前视图中创建一个圆，并修改其"半径"，使其刚好与第 4 步创建的形状相交即可，如图 3-42 所示。

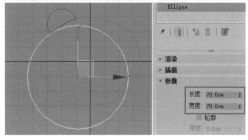

图 3-40

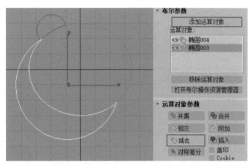

图 3-41

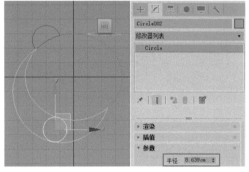

图 3-42

06 单击第 5 步创建的圆形，单击"复合图形"中的"图形布尔"按钮，然后单击"运算对象参数"卷展栏中的"合并"按钮，再单击"添加运算对象"按钮，将第 4 步产生的图形进行合并，如图 3-43所示。

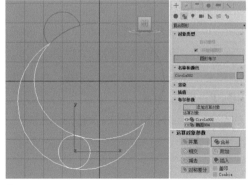

图 3-43

07 单击"修改"按钮 ，在"图形布尔"上单击鼠标右键，在弹出的菜单中执行"可编辑样条线"命令，如图 3-44 所示。

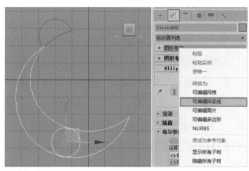

图 3-44

08 将图形名称修改为"手"，选择"顶点"级别，删除多余的顶点，得到图 3-45 所示的图形。

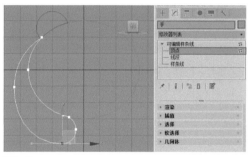

图 3-45

09 框选相交的顶点，选择"顶点"级别，展开"几何体"卷展栏，修改"焊接"为 1cm，单击"焊接"按钮，然后单击"熔合"按钮，如图 3-46所示。

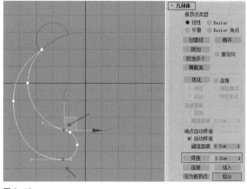

图 3-46

10 单击"样条线"中的"卵形"按钮，在前视图中创建一个卵形并重命名为"眼睛"，修改其"长度"为 18cm、"宽度"为 12cm、"角度"

为 -45，取消勾选"轮廓"复选框，如图 3-47 所示。

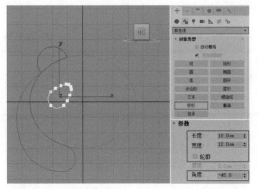

图 3-47

⓫ 选择"眼睛"图形，单击"修改"按钮，单击鼠标右键，在弹出的菜单中执行"可编辑样条线"命令，如图 3-48 所示。

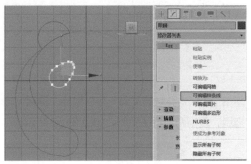

图 3-48

⓬ 选中"耳朵""眼睛""手"3 个图形，单击"层次"面板中的"轴"按钮，再单击"仅影响轴"按钮，将 3 个图形的中心轴移动至 y 轴对齐，如图 3-49 所示。

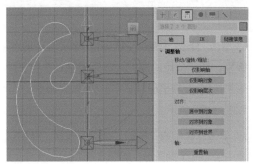

图 3-49

⓭ 单击主工具栏中的"镜像"按钮，在弹出的对话框中进行设置，镜像复制"耳朵""眼睛""手"图形，如图 3-50 所示。

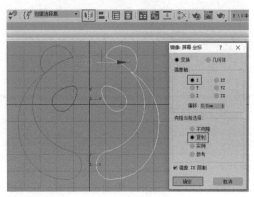

图 3-50

⓮ 单击"样条线"中的"矩形"按钮，在前视图中创建一个"长度"为 30cm、"宽度"为 10cm 的矩形，如图 3-51 和图 3-52 所示，将其重命名为"竹子"。

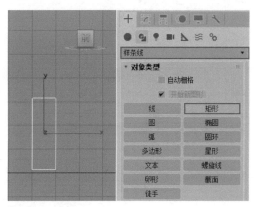

图 3-51

图 3-52

⓯ 选择"竹子"图形，单击"修改"按钮，单击鼠标右键，在弹出的菜单中执行"可编辑样条线"命令，如图 3-53 所示。

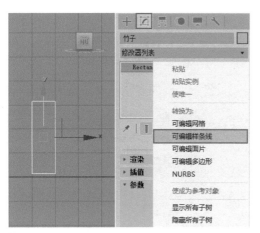

图 3-53

16 选择"竹子"图形,单击鼠标右键,在弹出的菜单中执行"细化"命令,在"竹子"图形底部添加两个顶点,然后将细化的顶点向内移动,如图 3-54 和图 3-55 所示。

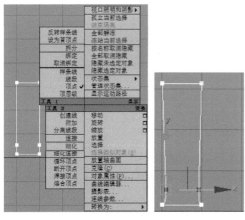

图 3-54　　　　　　　图 3-55

17 选择"竹子"图形,单击"层次"面板中的"轴"按钮,再单击"仅影响轴"按钮,将中心轴移动至图形底部,如图 3-56 所示。

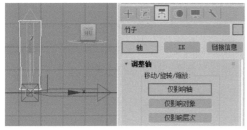

图 3-56

18 单击主工具栏中的"镜像"按钮,在弹出的对话框中进行设置,镜像复制"竹子"图形,如图 3-57 所示。

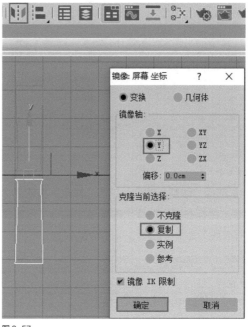

图 3-57

19 在按住 Shift 键的同时,按住鼠标左键沿 x 轴拖曳,复制两组竹子图形,如图 3-58 所示。

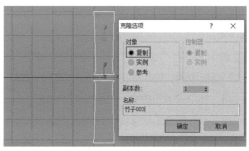

图 3-58

20 单击"修改"按钮,选择竹子图形的"顶点"级别,调整顶点的高度,然后调整 6 个竹子图形的位置,使其呈现"川"字形状,效果如图 3-59 和图 3-60 所示。

21 单击"样条线"中的"椭圆"按钮,在前视图中绘制两个椭圆形,如图 3-61 所示。

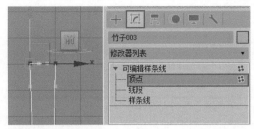

图 3-59

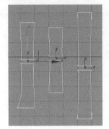

图 3-60

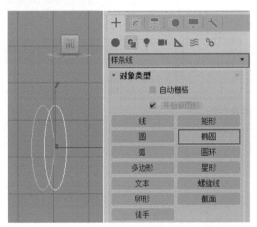

图 3-61

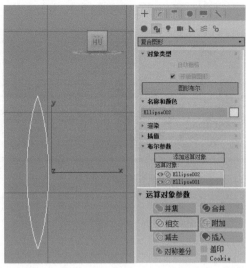

图 3-62

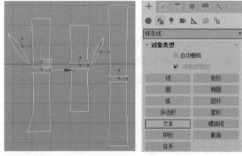

图 3-63　　　　　图 3-64

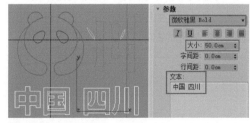

图 3-65

22 选择新创建的椭圆形状，单击"复合图形"中的"图形布尔"按钮，单击"运算对象参数"卷展栏中的"相交"按钮，然后单击"添加运算对象"按钮，选择另一个椭圆进行相交合并，如图 3-62 所示，并将图形重命名为"竹叶"。

23 复制"竹叶"图形，通过移动、旋转工具将其放置在图 3-63 所示位置。

24 单击"样条线"中的"文本"按钮，如图 3-64 所示。在前视图中创建"中国 四川"文字，修改字体为"微软雅黑 Bold"，设置"大小"为 50cm，如图 3-65 所示。

25 框选场景中的图形，为其添加"挤出"修改器，并调整"数量"为 6cm，如图 3-66 所示。

图 3-66

26 完成的立体 Logo 效果如图 3-67 所示。

图 3-67

3.2.2 线

　　使用"线"可以创建由多个分段组成的自由形式样条线。可单击直接绘制，也可拖曳绘制曲线，拖曳类型有角点、平滑和 Bezier，线参数面板如图 3-68 所示。在建模时，线是最常用的一种样条线对象，其使用方法非常灵活，可以组成任何形状的封闭或开放曲线、线段。单击鼠标右键可结束线的绘制；单击线的起点，可形成闭合样条线，此时系统会弹出"样条线"对话框，如图 3-69 所示，在此可选择是否闭合绘制的样条线。

图 3-68

图 3-69

3.2.3 矩形

　　使用"矩形"可以创建方形、圆角矩形和矩形，在绘制时按住 Ctrl 键可创建正方形和圆角正方形，示例如图 3-70 所示。矩形参数面板用于设置矩形样条线渲染时的形状、创建方法，以及矩形的长度、宽度、角半径等，如图 3-71 所示。

图 3-70

图 3-71

3.2.4 圆、椭圆、圆环

　　"圆""椭圆"用于创建由 4 个顶点组成的闭合圆形、椭圆形，"圆环"用于创建同心圆环。示例图及对应的参数面板如图 3-72~图 3-74 所示。

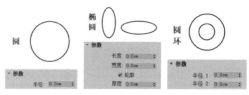

图 3-72　　　　图 3-73　　　　图 3-74

3.2.5 弧形

　　"弧形"用于创建由4个顶点组成的打开和闭合的部分圆形，即圆弧曲线和扇形，示例如图3-75所示。创建弧形时，可使用鼠标在步长之间平移或环绕视图。如果是平移视图，可以按住鼠标中键拖曳或滚动鼠标滚轮；如果是环绕视图，可以按住Alt键并按住鼠标中键拖曳或滚动鼠标滚轮。弧形参数面板如图3-76所示，用于设置弧形的创建方法、半径值、起始角度等。

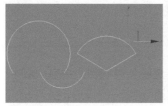

图 3-75　　　　　　　　　　　图 3-76

3.2.6 多边形

　　使用"多边形"可以创建任意边数且边长相等的多边形，还可以创建圆角多边形，示例如图3-77所示。其参数面板如图3-78所示，用于设置多边形的半径、边数、角半径等。

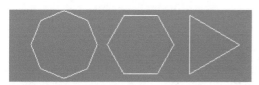

图 3-77

图 3-78

3.2.7 星形

　　使用"星形"可以创建具有多点闭合的星形样条线，星形的尖角可以钝化为倒角，进而制作出齿轮图案；尖角方向也可以扭曲形成倒

刺状锯齿。星形样条线的两个半径分别用来设置外部角点和内部角点到中心点的距离。星形样条线示例如图3-79所示。其参数面板如图3-80所示，用于设置星形的半径、点、扭曲、圆角半径等。

图 3-79

图 3-80

3.2.8 螺旋线

　　使用"螺旋线"可以创建开口平面、三维螺旋线或螺旋形状，常用于弹簧、卷须、线轴等的造型，示例如图3-81所示。其参数面板如图3-82所示，用于设置螺旋线的半径、高度、圈数、偏移等。

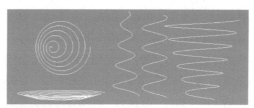

图 3-81

图 3-82

3.2.9 文本

　　使用"文本"可以方便、快捷地在视图中创建文本图形。为文本图形添加"挤出"修

改器即可生成三维文字模型。可使用系统中安装的任何Windows字体类型，或者安装在3ds Max 2022根安装文件夹下Fonts文件夹中的"类型1 PostScript"字体类型。文本示例如图3-83所示。其参数面板如图3-84所示，用于设置文字样式，包括大小、字间距、行间距等。

图 3-83

图 3-84

3.3 编辑样条线

　　"可编辑样条线"可将对象作为样条线，并以3个子对象（顶点、线段、样条线）级别进行编辑操作。将二维图形转换为可编辑样条线的常用方法有两种：一是创建或选择一条样条线，在"修改"面板中单击鼠标右键，在弹出的菜单中执行"转换为 > 转换为可编辑样条线"命令；二是创建或选择一条样条线，在线上单击鼠标右键，在弹出的菜单中执行"转换为>转换为可编辑样条线"命令。

　　"可编辑样条线"功能与"编辑样条线"修改器中的功能相同。不同的是，将现有的样条线形状转换为可编辑样条线时，将不再访问创建参数或设置它们的动画。但是，样条线的插值设置（步长设置）仍可以在可编辑样条线中使用。

3.3.1 课堂案例：制作创意吊灯

场景位置	无
实例位置	实例文件 >CH03>3.3.1 课堂案例：制作创意吊灯 .max
学习目标	学习将二维图形转换为可编辑样条线的方法，绘制样条线，结合修改器创建三维模型

　　本案例运用将二维图形转换为可编辑样条线的方法制作创意吊灯模型，案例效果如图3-85所示。

图 3-85

操作步骤

01 单击"图形"选项卡"样条线"中的"星形"按钮，在透视视图中创建一个星形。在"修改"面板中修改星形的名称为"水波"，并修改"半径 1"为100cm、"半径 2"为60cm、"点"为12、"扭曲"为0、"圆角半径 1"为10cm、"圆角半径 2"为10cm，如图 3-86所示。在状态栏中修改星形坐标信息，将 x 轴、y 轴、z 轴坐标归零 X: 0.0cm ⇕ Y: 0.0cm ⇕ Z: 0.0cm，方便后续对齐和调整其他样条线，效果如图 3-87所示。

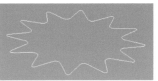

图 3-86　　　　　　　　图 3-87

02 选择"水波"对象，在"修改"面板中单击鼠标右键，在弹出的菜单中执行"可编辑样条线"命令，如图 3-88 和图 3-89 所示。

图 3-88

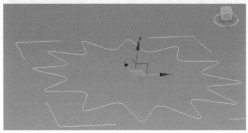

图 3-89

03 进入"可编辑样条线"的"顶点"级别，按住 Ctrl 键选中图 3-90 所示的顶点，将其沿 z 轴向上移动，形成水波的形状。

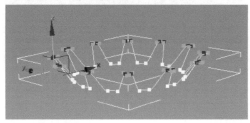

图 3-90

04 勾选"渲染"卷展栏中的"在渲染中启用""在视口中启用"复选框，设置"径向"的"厚度"为 3cm，如图 3-91 所示。

图 3-91

05 单击"图形"选项卡"样条线"中的"圆环"按钮，在顶视图中创建一个圆环，在"修改"面板中修改其名称为"环形灯"，并修改"半

径 1"为 64cm、"半径 2"为 54cm，使两个图形刚好相切，如图 3-92 所示。

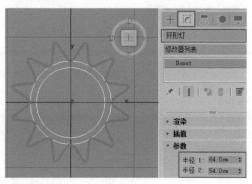

图 3-92

06 为"环形灯"添加"挤出"修改器，并修改"数量"为 -3cm，即向下挤出 3cm，如图 3-93 和图 3-94 所示。

图 3-93

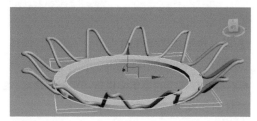

图 3-94

07 按住 Shift 键，沿 z 轴复制两个环形灯，并单击"修改"按钮，分别修改复制的两个环形灯的半径，使模型呈阶梯式缩小。将复制的第一个环形灯的"半径 1"设为 54cm、"半径 2"设为 44cm。将复制的第二个环形灯的"半径 1"设为 44cm、"半径 2"设为 34cm，如图 3-95 所示。效果如图 3-96 所示。

图 3-95

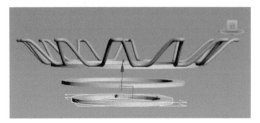

图 3-96

08 单击"样条线"中的"线"按钮,在前视图中绘制鱼形状的闭合样条线,如图 3-97 所示。

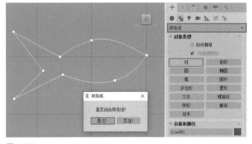

图 3-97

09 进入鱼形状样条线的"顶点"级别,按住 Ctrl 键,选中鱼尾和鱼头的 3 个顶点,单击鼠标右键,在弹出的菜单中执行"平滑"命令,如图 3-98 和图 3-99 所示。

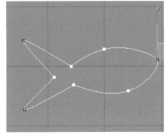

图 3-98

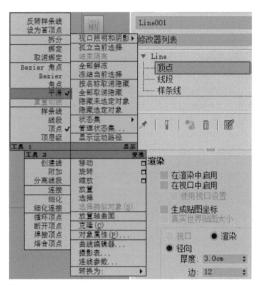

图 3-99

10 单击"样条线"中的"圆"按钮,在前视图中绘制一个圆作为"鱼"的眼睛,如图 3-100 所示。

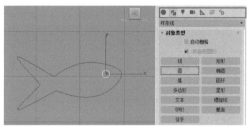

图 3-100

11 选中鱼形状样条线,单击"复合图形"中的"图形布尔"按钮,然后单击"运算对象参数"卷展栏中的"减去"按钮,再单击"布尔参数"卷展栏中的"添加运算对象"按钮,添加第 10 步创建的圆作为运算对象,如图 3-101 所示。

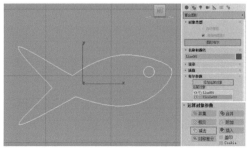

图 3-101

⓬ 为鱼形状样条线添加"挤出"修改器，创建三维模型，修改"数量"为 3cm，如图 3-102 所示。

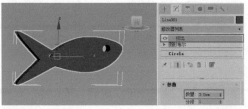

图 3-102

⓭ 单击"样条线"中的"线"按钮，在前视图中创建一条垂直的线，连接环形与鱼形状模型，并勾选"渲染"卷展栏中的"在渲染中启用""在视口中启用"复选框，设置"径向"的"厚度"为 0.8cm，如图 3-103 所示。为方便操作模型，可选中已经创建好的模型，单击鼠标右键，在弹出的菜单中执行"冻结"命令将其冻结。

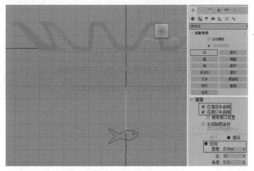

图 3-103

⓮ 选中线和鱼形状模型，单击"组"菜单，将两个模型组合，在弹出的"组"对话框中将组命名为"鱼"，单击"确定"按钮，如图 3-104 所示。

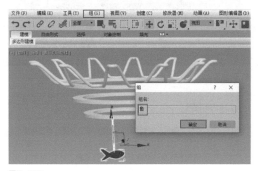

图 3-104

⓯ 单击"层级"按钮 后单击"轴"按钮，然后单击"仅影响轴"按钮，移动轴心位置到中心点，以方便旋转、复制等操作，如图 3-105 所示。

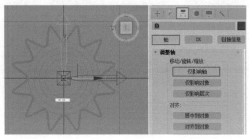

图 3-105

⓰ 单击主工具栏中的"旋转"按钮 ，在按住 Shift 键的同时，按住鼠标左键沿 z 轴旋转 60°，弹出"克隆选项"对话框，选择"复制"选项，设置"副本数"为 5，如图 3-106 所示，然后单击"确定"按钮，复制 5 组"鱼"装饰模型。

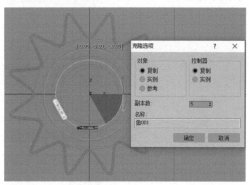

图 3-106

⓱ 旋转复制后的效果如图 3-107 所示。

图 3-107

⑱ 重复第15、16步，并对复制的鱼形装饰做适当调整，效果如图 3-108 所示。

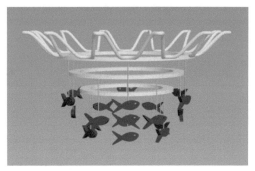

图 3-108

⑲ 单击"样条线"中的"线"按钮，在场景中绘制一条线，并勾选"渲染"卷展栏中的"在渲染中启用""在视口中启用"复选框，设置"径向"的"厚度"为 2cm，如图 3-109 和图 3-110 所示。

图 3-109

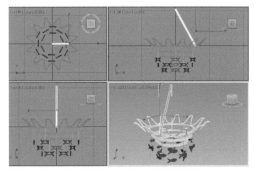

图 3-110

⑳ 单击"层次"按钮后单击"轴"按钮，再单击"仅影响轴"按钮，移动轴心位置到中心点，如图 3-111 所示。

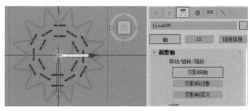

图 3-111

㉑ 单击主工具栏中的"旋转"按钮，在按住 Shift 键的同时，按住鼠标左键沿 z 轴旋转 90°，在弹出的"克隆选项"对话框中进行设置，如图 3-112 所示，然后单击"确定"按钮，复制 3 根承重样条线。

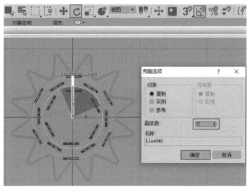

图 3-112

㉒ 创意吊灯的最终效果如图 3-113 所示。

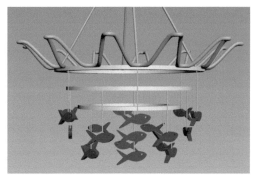

图 3-113

💡 技巧与提示

选择某个顶点后，向量控制柄显示为小型的绿色方格，单击鼠标右键后，弹出的菜单中有"Bezier角点""Bezier""角点""平滑"4种类型的点属性可选择，如图 3-114 所示。图 3-115 所示 1 号角点任意一侧的线条可与之形成任何角度；图3-115所示2号平滑点与线段相切，线条为一条平滑曲线；图3-115所示3号Bezier点提供控制柄，线条为一条通过该点的切线；图3-115所示4号Bezier角点提供控制柄，且允许点任意一侧的线条与之有任何角度的变化。

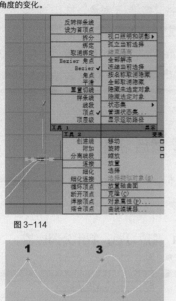

图 3-114

图 3-115

3.3.2 编辑顶点

使用13种类型的样条线对象可创建一些简单且有规则的图形，如果想要得到复杂的图形，可将其转换为可编辑样条线。将图形转换为可编辑样条线的常用方法在本章案例中已使用过：一是选择图形并单击鼠标右键，在弹出的菜单中执行"转换为 > 可编辑样条线"命令进行转换；二是在"修改"面板中单击鼠标右键，在弹出的菜单中执行"转换为 > 可编辑样条线"命令进行转换。样条线堆栈中包含3个级别："顶点""线段""样条线"。"顶点"级别涵盖"渲染""选择""软选择""几何体""插值"5个卷展栏，如图3-116所示。而"线段""样条线"级别中多了一个"曲面属性"卷展栏，如图3-117所示。

图 3-116

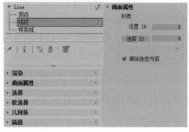

图 3-117

> 技巧与提示
>
> 用"线"绘制的图形本身已是样条线，不用再转换。选中可编辑的样条线对象后，键盘数字键1、2、3分别是"顶点""线段""样条线"的快捷键。

◆ 1. 选择

单击"顶点"按钮、"线段"按钮、"样条线"按钮，可显示当前样条线的编辑状态。"选择"卷展栏如图3-118所示。

图 3-118

◆ 2. 软选择

通过设置衰减值，可控制作用于选定的子级别对象对周边对象的影响。显式选择的顶点对象、线段对象就像被磁场包围一样受衰减影响，在对子级别对象进行变换时，颜色渐变（红、橙、黄、绿、蓝）显示影响强度，红色最强，蓝色最弱。"软选择"卷展栏如

图3-119所示。

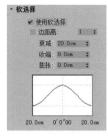

图3-119

◆ 3.几何体

"顶点""线段""样条线"级别的"几何体"卷展栏的功能相似，操作方法也相似。"新顶点类型"选项组在按住Shift键复制线段或样条线时，可以创建新顶点的切线；"优化"选项组包括许多可与"曲面"修改器一起使用的生成样条线网络的功能；"端点自动焊接"选项组用于对"顶点"级别进行操作；"切线"选项组可以将一个顶点的控制柄复制并粘贴给另一个顶点；"显示"选项组的"显示选定线段"复选框被勾选后，"顶点"级别的任何所选线段都高亮显示为红色。"几何体"卷展栏如图3-120所示。

图3-120

3.3.3 编辑线段、样条线

选择可编辑样条线的"线段""样条线"级别后，"几何体"卷展栏中部分灰色按钮可用，大多数功能与编辑顶点时的相同。"线段""样条线"级别涵盖"渲染""选择""软选择""几何体""插值""曲面属性"6个卷展栏。

"曲面属性"卷展栏如图3-121所示。将不同的材质ID应用于包含多个样条线的形状中，可以将"多维/子对象"材质指定给此类形状，样条线可渲染时，或用于旋转或挤出时，这些对象会显示。

图3-121

3.4 课后习题

本节准备了两个课后习题，读者可参考教学视频完成练习。

3.4.1 课后习题：制作公园座椅

场景位置	无
实例位置	实例文件 >CH03>3.4.1 课后习题：制作公园座椅 .max
学习目标	练习样条线的绘制与编辑技巧

参考效果如图3-122所示。

图 3-122

3.4.2 课后习题：制作中式雕花屏风

场景位置	无
实例位置	实例文件 >CH03>3.4.2 课后习题：制作中式雕花屏风 .max
学习目标	练习样条线的"顶点""线段""样条线"级别的控制，通过修改"渲染"卷展栏增加厚度，将样条线转换为三维模型

参考效果如图3-123所示。

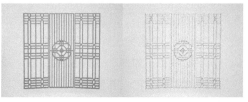

图 3-123

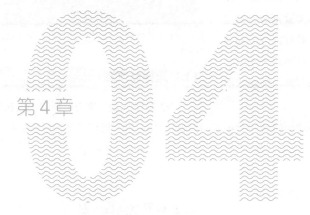

第 4 章

高级建模

本章导读

修改器建模、网格建模与多边形建模是常见的 3 种高级建模方式。本章将介绍利用 3ds Max 2022 建立复杂模型的思路、知识和技巧。修改器建模的方式是在"修改"面板中直接为相应对象添加修改器、设置参数，从而获得需要的效果。常用的二维修改器，例如"车削"修改器、"倒角"修改器、"挤出"修改器，只需要调整对应的参数即可得到形态各异的三维模型。随着 CG 行业的发展，无论是建筑表现、游戏场景还是 VR 环境建模对模型细分的要求都越来越高，修改器建模、网格建模与多边形建模也被广泛应用。

学习目标

- 掌握修改器建模的方法和技巧。
- 掌握网格建模的方法和技巧。
- 掌握多边形建模的方法和技巧。
- 理解常用修改器的参数设置与应用。

4.1 修改器建模

修改器建模用于辅助网格建模和多边形建模，有着自己独特的属性，是独立存在的。使用修改器对三维对象进行塑形和编辑时，通过改变对象原来的形状和属性，对其进行多种修改器的叠加、结合、加工，可得到意想不到的效果。特别是一些造型独特的对象，用修改器建模可以达到事半功倍的效果。

用修改器创建一些特殊形状的模型与其他建模方式相比有着强大的优势。例如，图4-1和图4-2所示的模型如果采用多边形建模，其复杂程度和创作难度要比用修改器建模的高很多，所需花费的时间和精力也更多。

图4-1

图4-2

默认状态下，命令面板位于工作界面的右边，单击"修改"按钮即可进入"修改"面板，如图4-3所示。面板中包括堆栈区、"锁定堆栈"按钮、"显示最终结果"按钮、"从堆栈中移除修改器"按钮等。

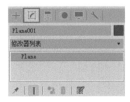
图4-3

单击"修改器列表"后的下拉图标，便可以展开修改器下拉列表，其中包括"选择修改器""世界空间修改器""对象空间修改器"等集合，如图4-4所示。

图4-4

4.1.1 选择修改器

"选择修改器"集合包括"网格选择""面片选择""多边形选择""体积选择"4种修改器，如图4-5所示。

图4-5

4.1.2 世界空间修改器

"世界空间修改器"集合如图4-6所示。此集合中的修改器基于世界空间坐标系，而不是基于单个对象的局部坐标系。当将世界空间修改器应用给对象之后，无论对象是否发生移动，它都不会受到任何影响。

图4-6

4.1.3 对象空间修改器

"对象空间修改器"集合如图4-7所示。这个集合中的修改器主要应用于单独的对象，使用的是对象的局部坐标系，因此当对象移动时，修改器也会跟着移动。

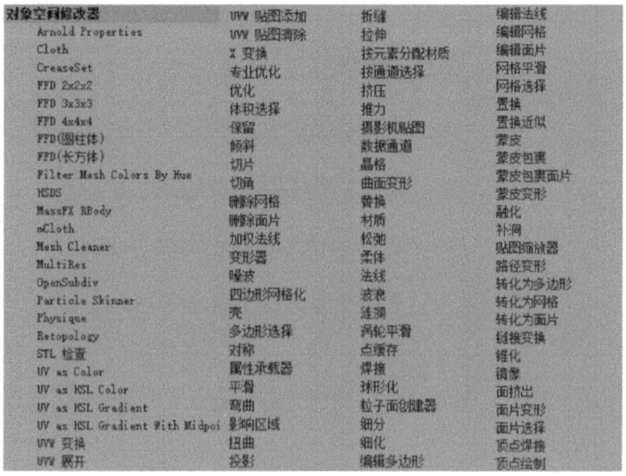

图4-7

修改器下方的按钮用来管理堆栈中的修改器，把鼠标指针移动到按钮上，会出现功能提示，如图4-8所示。"锁定堆栈"按钮用于将堆栈和"修改"面板中的所有控件锁定到选定对象的堆栈中。"显示最终结果"按钮启用后，在选定的对象上显示整个堆栈的效果。"使唯一"按钮使实例化对象或实例化修改器对于选定对象唯一。"从堆栈中移除修改器"按钮用于从堆栈中移除当前的修改器，从而消除由该修改器引起的所有更改。单击"配

置修改器集"按钮将显示一个弹出菜单，通过该菜单可配置如何在"修改"面板中显示和选择修改器。

图 4-8

4.1.4 课堂案例：制作荷塘场景

场景位置	场景文件 >CH04> 荷塘场景 .max
实例位置	实例文件 >CH04>4.1.4 课堂案例：制作荷塘场景 .max
学习目标	掌握荷花模型的制作方法，掌握"网格平滑""编辑多边形"、Bend 修改器的使用，理解修改器参数

本案例运用修改器制作荷塘场景，案例效果如图4-9所示。

图 4-9

操作步骤

01 单击"标准基本体"中的"平面"按钮，在场景中创建一个平面，如图 4-10 所示。

02 单击"修改"按钮，修改平面对象的名称为"花瓣"，并为其添加"编辑多边形"修改器，如图 4-11 所示。

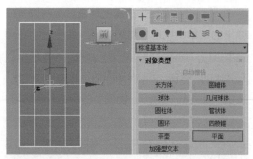

图 4-10

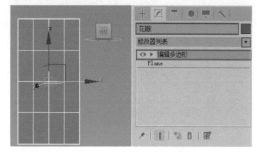

图 4-11

03 展开"编辑多边形"修改器，选中"顶点"级别，如图 4-12 所示。将平面对象调整为荷花花瓣的形状，如图 4-13 所示。

图 4-12

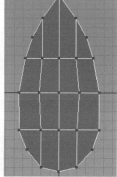

图 4-13

04 为花瓣模型添加"网格平滑"修改器，如图 4-14 所示，让其轮廓更加平滑，如图 4-15 所示。

图 4-14

图 4-15

05 在"网格平滑"修改器上单击鼠标右键，在弹出的菜单中执行"塌陷全部"命令，将花瓣模型进行"塌陷全部"处理，如图4-16所示。在弹出的"警告：塌陷全部"对话框中单击"是"按钮，如图4-17所示，使模型的网格分布均匀，为后续的变形做准备。

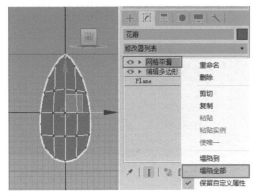

图 4-16

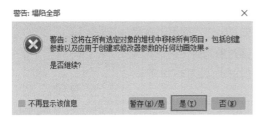

图 4-17

06 为了使花瓣模型有凹凸曲线，为花瓣模型添加Bend（弯曲）修改器，并设置"弯曲"的"角度"为100、"弯曲轴"为X，如图4-18所示，使花瓣两边翘起，如图4-19所示。

图 4-18

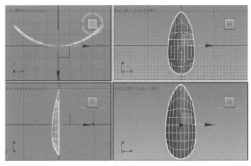

图 4-19

07 单击花瓣模型，重复第5步，对花瓣模型进行"塌陷全部"处理。第二次为花瓣模型添加Bend修改器，选择Gizmo级别，单击主工具栏中的"旋转"按钮，调整Bend修改器的Gizmo角度与位置，设置"弯曲"的"角度"为30、"弯曲轴"为X，如图4-20所示，使花瓣底部向内弯曲，如图4-21所示。

图 4-20

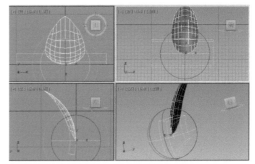

图 4-21

08 为避免花瓣模型在渲染时出现问题，可以为其添加"壳"修改器，设置"外部量"为 0.5cm，增加花瓣模型的厚度，如图 4-22 所示。

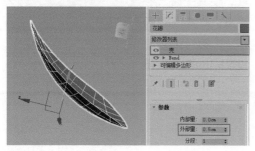

图 4-22

09 在"壳"修改器上单击鼠标右键，参考第 5 步，对花瓣模型进行"塌陷全部"处理，在主工具栏中单击"选择并旋转"按钮，在顶视图中将花瓣模型调整为图 4-23 所示的平放在空间里的状态。

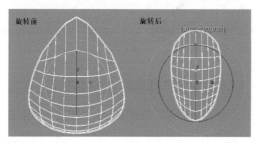

图 4-23

10 单击"层次"按钮后单击"轴"按钮，在"调整轴"卷展栏中单击"仅影响轴"按钮，在顶视图中将模型的轴中心点调整至图 4-24 所示的旋转中心位置。

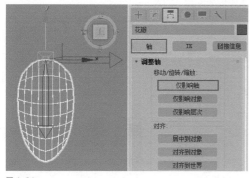

图 4-24

11 单击主工具栏中的"旋转"按钮，在顶视图中，在按住 Shift 键的同时，按住鼠标左键旋转花瓣，在弹出的"克隆选项"对话框中进行设置，如图 4-25 所示，然后单击"确定"按钮，复制 5 片花瓣。复制完后，对于有重叠部分的花瓣，可以为其添加 Bend 修改器进行调整，还可以使用"旋转"工具对花瓣的位置进行调整。

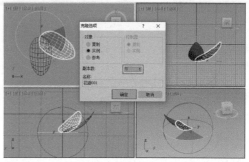

图 4-25

12 重复第 11 步，复制第二层花瓣，使用"缩放"工具和"旋转"工具调整花瓣的大小和位置，效果如图 4-26 所示。

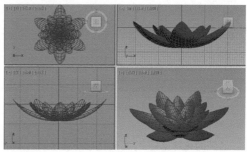

图 4-26

13 单击"标准基本体"中的"圆锥体"按钮，如图 4-27 所示。创建简易的花蕊模型，如图 4-28 所示。灵活调整花瓣的形状和数量（20~50 瓣）。

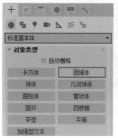

图 4-27

图 4-28

14 执行"文件>导入>合并"命令,将配套资源"场景文件>CH04>荷塘场景.max"导入场景中,如图4-29和图4-30所示。

图4-29

图4-30

15 调整荷花到花茎上,将荷花与荷塘场景合并,效果如图4-31所示。

图4-31

4.1.5 "挤出"修改器

使用"挤出"修改器可增加二维图形的厚度,使其变成三维对象,如图4-32所示。其参数面板用于设置挤出的数量、分段、输出类型、平滑等,如图4-33所示。

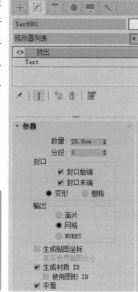

图4-32   图4-33

4.1.6 "倒角"修改器

使用"倒角"修改器可将二维图形挤出为有边角的三维对象,还可以对边角进行倒角。"倒角"修改器的参数面板包含"参数""倒角值"两个卷展栏,该修改器经常用于制作立体文字、Logo和特殊标志,示例效果如图4-34所示。其参数面板用于设置倒角起始轮廓值、倒角高度等,如图4-35所示。

图4-34

图 4-35

4.1.7 "车削"修改器

"车削"修改器可使二维图形沿坐标轴旋转生成三维对象，是一个非常实用的造型工具，示例效果如图4-36所示。其参数面板用于设置车削的角度值、方向、对齐轴向和输出类型等，如图4-37所示。

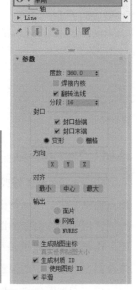

图 4-36　　　　　　　图 4-37

4.1.8 Bend 修改器

使用Bend修改器可沿*x*轴、*y*轴、*z*轴方向弯曲三维对象，角度和方向也可以调节，还可以限制弯曲的上限和下限，示例效果如图4-38所示。其参数面板用于设置弯曲的角度、方向、弯曲轴、弯曲上限和下限等，如图4-39所示。

图4-38　　　　　　　图4-39

4.1.9 课堂案例：制作立体浮雕

场景位置	无
实例位置	实例文件 >CH04>4.1.9 课堂案例：制作立体浮雕 .max
学习目标	掌握制作立体浮雕的方法，掌握"置换"修改器的使用方法

本案例运用"置换"修改器制作立体浮雕，案例效果如图4-40所示。

图 4-40

操作步骤

01 单击"标准基本体"中的"平面"按钮，如图 4-41 所示。在场景中创建"长度""宽度"均为700cm的平面对象，设置"长度分段""宽度分段"为100，如图 4-42 所示，这两个参数用于给平面增加网格密度，使制作的立体浮雕效果更加细腻。

02 选择平面对象，为其添加"置换"修改器，单击"图像"选项组中"位图"下面的"无"按钮，如图 4-43 所示。

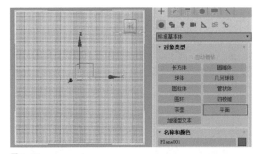

图 4-41

图 4-42

图 4-43

03 导入配套资源中的"实例文件 >CH04> 材质 > 福.jpg",如图 4-44 所示。

图 4-44

04 调整"置换"的"强度"为 70cm、"贴图"的"模糊"为 0.2,如图 4-45 所示,浮雕效果如图 4-46 所示。

图 4-45

图 4-46

4.1.10 "置换"修改器

"置换"修改器可以作为修改工具作用于三维对象,也可以作用于空间扭曲对象和粒子系统等。其中,置换贴图有平面、柱面、球形、收缩包裹 4 种不同的置换效果,通过缩放并移动 Gizmo 线框改变造型。同时,在设置动画时,能模拟产生如推力、拉力的动力学效果,"置换"修改器的参数面板如图 4-47 所示。

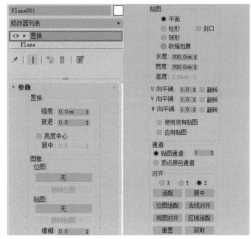

图 4-47

4.1.11 Noise 修改器

Noise(噪波)修改器可以使对象表面的顶点随机变化,从而产生高低起伏不规则的顶点,常用于制作复杂的地形、地面、石块、云团、山峰等不规则的造型效果。通过对 Noise 修改器参数面板中的设置进行关键帧记录,还可以产生动态的效果,如海面的波浪起伏等。Noise 修改器的运用示例效果如图 4-48 所示。

图 4-48

其参数面板如图4-49所示，用于设置噪波种子数量和x轴、y轴、z轴的强度，使用关键帧记录噪波动画。

图4-49

4.1.12 FFD 修改器

FFD（自由变形）修改器共有5种类型，分别为FFD 2×2×2修改器、FFD 3×3×3修改器、FFD 4×4×4修改器、FFD(长方体)修改器和FFD(圆柱体)修改器。FFD 2×2×2修改器的参数面板如图4-50所示。FFD修改器通过晶格框包围几何体，调整晶格的控制点即可改变封闭的几何体形状，每个控制点的改变都会影响到空间内对象的表面形态。控制点的数量可以进行设置，FFD修改器对对象产生的变形效果可以体现在动画中。

图4-50

使用FFD修改器的方法是在堆栈中选择控制点子对象进行拖曳，使其产生变形效果。改变控制点的位置进而影响对象外形变化的过程，可以通过单击"动画"面板中的"自动关键点"按钮进行记录。例如，制作物体通过管道、水珠滴落、从瓶口挤出牙膏等动画效果。图4-51所示为小球通过管道的动画效果。

图4-51

添加FFD(长方体)修改器或FFD(圆柱体)修改器后，参数面板如图4-52所示，增加了控制"尺寸"晶格点数量的参数，能从细节上修改三维对象。

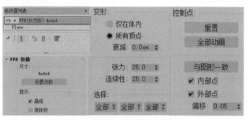

图4-52

4.1.13 平滑类修改器

"平滑"修改器、"网格平滑"修改器和"涡轮平滑"修改器的主要作用是让几何体表面变平滑。

◆1."平滑"修改器

"平滑"修改器的参数面板如图4-53所示。通过勾选"自动平滑"复选框或直接选择"平滑组"中的数值来改变对象表面的平滑效果。例如，可利用"平滑"修改器制作一个凹凸有棱角的物体变成表面平滑物体的动画。

图4-53

◆ 2."网格平滑"修改器

"网格平滑"修改器通过增加网格几何体的面数达到平滑的效果。"网格平滑"修改器的参数面板如图4-54所示。

图4-54

"细分方法""细分量"是最常用于对集合对象的表面网格面进行细分操作的卷展栏。其中，"细分方法"卷展栏中提供了3种方式，分别是"经典""四边形输出"和NURMS。

◆ 3."涡轮平滑"修改器

"涡轮平滑"修改器是"网格平滑"修改器的简化版，与"网格平滑"修改器相比，"涡轮平滑"修改器能更快速、便捷地平滑几何体，且优化了一些功能，能以更快的计算方法满足快速平滑的需求。为几何对象分别添加"网格平滑"修改器、"涡轮平滑"修改器，对比效果如图4-55所示。

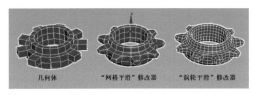

图4-55

"涡轮平滑"修改器取消了边、顶点的细分，只有NURMS一种细分方法，所以在增加迭代次数时，几何对象的顶点和曲面数量会增加4倍，如此复杂的应用，相应的也会花费更长的时间。"涡轮平滑"修改器的参数面板如图4-56所示。

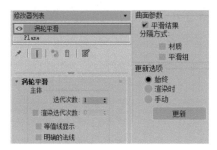

图4-56

4.1.14 "晶格"修改器

使用"晶格"修改器可以对三维对象进行线框化处理，这种线框效果比给对象赋予"线框"材质所呈现的效果更优，可实现造型的真实线框效果。它可以将线的交叉点转换为四面体、八面体、二十面体，例如将一些圆柱体或菱形对象的线框转换为节点造型时，能快速地生成框架结构，适用于展示建筑物的结构，如图4-57所示。

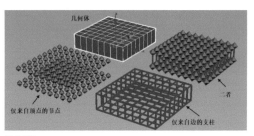

图4-57

"晶格"修改器的参数面板如图4-58所示。

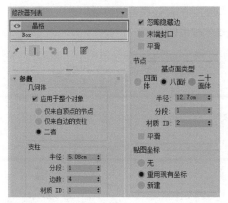

图 4-58

4.2 网格建模

网格对象由顶点、边、面、多边形、元素组成。"编辑网格"修改器可以对场景中的网格对象进行操作，如删除顶点、创建顶点、切角顶点、断开顶点等，从而构建模型。许多从外部导入3ds Max 2022场景中的模型通常都显示为网格对象。

4.2.1 课堂案例：制作中式软包椅

场景位置	无
实例位置	实例文件 >CH04>4.2.1 课堂案例：制作中式软包椅 .max
学习目标	掌握中式软包椅模型的制作方法，掌握"编辑网格"修改器、网格建模的操作方法与技巧

本案例运用"编辑网格"修改器等操作方法制作中式软包椅，案例效果如图4-59所示。

图 4-59

操作步骤

01 在"创建"面板中单击"标准基本体"中的"长方体"按钮，如图 4-60 所示。在场景中创建

一个"长度"为60cm、"宽度"为45cm、"高度"为3cm的长方体，并设置"长度分段"为6、"宽度分段"为6、"高度分段"为1，如图4-61所示。

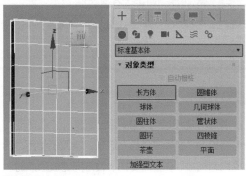

图 4-60

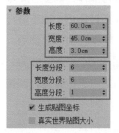

图 4-61

02 在场景中，选择长方体对象，单击"修改"按钮，单击鼠标右键，在弹出的菜单中执行"可编辑网格"命令，如图 4-62 所示。

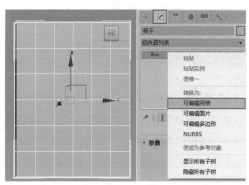

图 4-62

03 选择"可编辑网格"的"顶点"级别，在前视图中框选图 4-63 所示的顶点，单击主工具栏中的"缩放"按钮，将顶点向 y 轴方向调整。

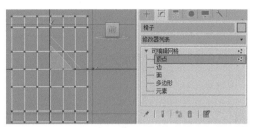

图 4-63

💡 技巧与提示

按住 Ctrl 键单击为加选，按住 Alt 键单击为减选。

04 缩放功能包含"选择均匀缩放""选择非均匀缩放""选择并挤压"选项。本案例使用"选择均匀缩放"，当需要往 y 轴方向缩放顶点时，让鼠标指针靠近 y 轴来进行操作；需要往 x 轴方向缩放顶点时，让鼠标指针靠近 x 轴来进行操作。以行和列为单位在前视图中框选顶点，调整顶点的位置，得到图 4-64 所示的效果，此操作的目的是对网格的顶点进行整理，调整挤出面的大小与宽度。

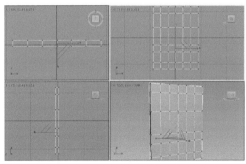

图 4-64

05 选择"多边形"级别，选中透视视图中网格对象底部两端的两个多边形面，单击"编辑几何体"卷展栏中的"挤出"按钮，设置"挤出"为 25cm，按 Enter 键，挤出图 4-65 所示的效果。

06 重复第 5 步，分别设置"挤出"为 5cm、20cm、5cm、2cm，挤出效果如图 4-66 所示。

07 选择"边"级别，选中网格对象周边的边，单击"编辑几何体"卷展栏中的"切角"按钮，并设置"切角"为 0.3cm，如图 4-67 所示。

本步骤的目的是让模型的棱看起来更加平滑，为后续的建模做准备。

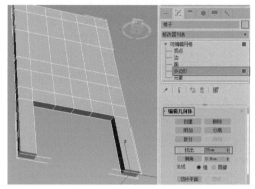

图 4-65

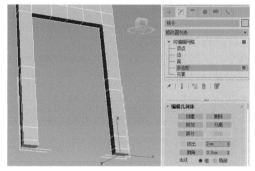

图 4-66

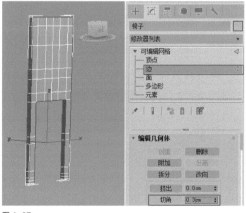

图 4-67

08 选择"多边形"级别，在按住 Ctrl 键的同时，选择图 4-68 所示的面，单击"编辑几何体"卷展栏中的"挤出"按钮，并设置"挤出"为 2cm，为形成椅子的靠背凹线造型做准备。

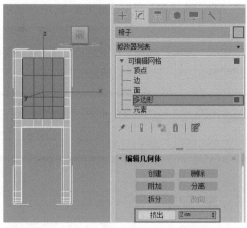

图 4-68

09 选择"边"级别，在按住 Ctrl 键的同时，选择新挤出的多边形的环形边，单击"编辑几何体"卷展栏中的"切角"按钮，并设置"切角"为 0.3cm，如图 4-69 所示。如果其他的面不方便观察，可以结合旋转快捷键 Ctrl+R 对透视视图进行 360° 的观察。选择刚才挤出的多边形四周的边。

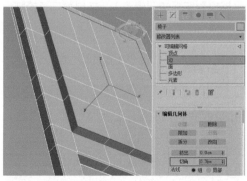

图 4-69

10 重复第 9 步，将所选的边再"切角"一次，效果如图 4-70 所示，这样靠背部分的边缘看起来更圆滑。

11 选择"顶点"级别，选中图 4-71 所示的顶点，并沿 y 轴向模型外侧移动，从而产生凸出的造型效果。

12 选择"多边形"级别，选中图 4-72 所示的两个面，单击"编辑几何体"卷展栏中的"挤出"

按钮，设置"挤出"为 60cm，挤出扶手部分。

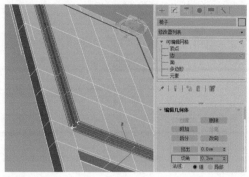

图 4-70

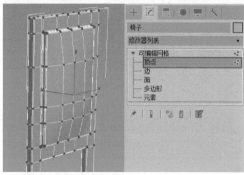

图 4-71

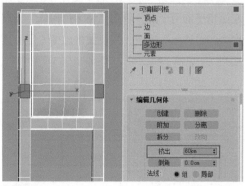

图 4-72

13 设置"挤出"为 6cm，得到椅子扶手的转角造型。选中扶手前端下方的两个多边形的面，如图 4-73 所示，并设置"挤出"为 40cm。

14 重复第 13 步，分别设置"挤出"为 5cm、20cm、5cm、2cm，得到椅子前端的椅腿，如图 4-74 所示。如果两条椅腿的长短不一致，可以通过前视图或者左右视图调整顶点。

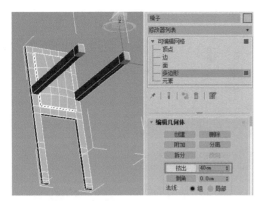

图 4-73

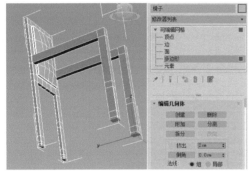

图 4-74

⑮ 选择"多边形"级别,选中图 4-75 所示的左边椅子的两个面,单击"编辑几何体"卷展栏中的"挤出"按钮,并设置挤出值(足够连接到另一条椅子腿即可),得到右边的模型结果。

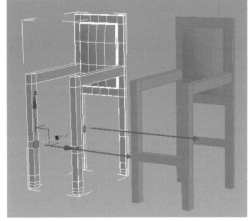

图 4-75

⑯ 选择"多边形"级别,选中图 4-76 所示的左边椅子的两个面,单击"编辑几何体"卷展栏中的"挤出"按钮,并设置挤出值(足够连接到前面的椅子腿即可),得到右边的模型结果。

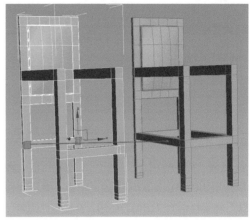

图 4-76

⑰ 选择"多边形"级别,选中图 4-77 所示的两个面,单击"编辑几何体"卷展栏中的"挤出"按钮,并设置"挤出"为 65cm(具体数值可根据模型实际情况修改),挤出第二条椅脚内部的横框模型。

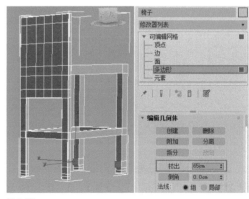

图 4-77

⑱ 单击场景中的"[线框]",在弹出的菜单中执行"线框覆盖"命令,透视观察模型的形状,方便调整椅子各部分的顶点位置,如图 4-78所示。

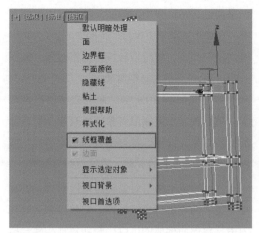

图 4-78

⑲ 选择"顶点"级别,调整模型顶点的位置。先选中靠背部分的顶点,单击"旋转"按钮,沿 y 轴对椅背进行旋转倾斜;然后调整 4 条椅腿间的横框,尽量使其分布均匀,使靠背部分符合人体工程学设计,如图 4-79 所示。

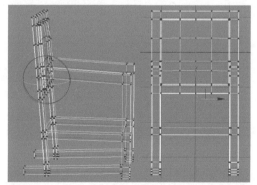

图 4-79

⑳ 选择"边"级别,选中椅子扶手木框外边缘部分的边,单击"编辑几何体"卷展栏中的"切角"按钮,并设置"切角"为 0.3cm,如图 4-80 所示,让椅子模型的外边缘更平滑,如图 4-81 所示。

图 4-80

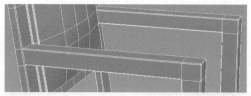

图 4-81

㉑ 选择"创建"面板,单击"扩展基本体"中的"切角长方体"按钮,如图 4-82 所示。在场景中添加长方体作为椅子的坐垫。坐垫模型的"长度"、"宽度"和"高度"参数值可以根据实际椅子模型的长、宽调整,并设置切角,将坐垫模型的"长度分段""宽度分段"设置为 4,将"圆角分段"设置为 3,具体参数设置如图 4-83 所示。效果如图 4-84 所示。

图 4-82

图 4-83

图 4-84

㉒ 选择坐垫模型,为其添加"编辑网格"修改器,选择"顶点"级别,如图 4-85 所示。选择图 4-86 所示的顶点,并沿 z 轴方向调整顶点的高度。

㉓ 单击"创建"面板"扩展基本体"中的"长方体"按钮,在场景中添加长方体作为椅子的靠垫,重复第 21、22 步中的相关操作,并为靠垫模型添加"网格平滑"修改器,选择"顶点"级别,

调整顶点的位置，做出靠垫的形状，并设置"细分量"卷展栏中的"迭代次数"为2，如图4-87所示。

图4-85　　　　　图4-86

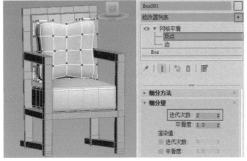

图4-87

24 调整靠垫、坐垫的顶点，做出鼓起的造型，完成中式软包椅的模型制作，效果如图4-88所示。

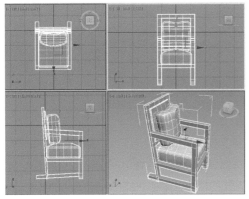

图4-88

4.2.2 可编辑网格

三维对象转换为网格对象的方法有两种：

一是通过选中场景中的模型，然后单击鼠标右键，在弹出的菜单中执行"转换为>转换为可编辑网格"命令，将模型转换为网格对象，如图4-89所示；二是为三维对象添加"编辑网格"修改器，如图4-90所示。两种方法的区别在于：第一种方法会塌陷对象的所有操作形成新的网格对象；而第二种方法会保留原属性，可以在堆栈中查看操作记录，方便返回与编辑。

"可编辑网格"对象类型可以对模型的顶点、边、面等进行精细处理，它将模型表面视为由三角形面构成的可以比较随意地构建一些复杂的模型。查看网格对象的属性时，需单击参数面板中的"修改"按钮。参数面板中包含"选择""软选择""编辑几何体"等卷展栏，如图4-91所示。

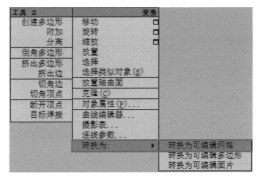

图4-89

图4-90　　　　　图4-91

◆ 1. 选择

在"选择"卷展栏中可对"可编辑网格"对象进行不同级别的选择，单击顶点、边等图标，或者使用键盘数字键1、2、3、4、5，可以选择不同级别的子对象进行编辑，如图4-92所示。

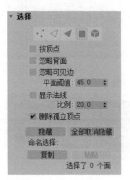

图4-92

◆ 2. 软选择

"软选择"卷展栏包含"使用软选择""影响背面"等选项。当选择"顶点"级别时，勾选"使用软选择""影响背面"复选框，可以看见不同颜色的圈点，表示选择的顶点对周围顶点的影响力，其中，红色表示影响力最强，蓝色表示影响力最弱，可通过设置"衰减"数值，改变影响力的大小，如图4-93所示。

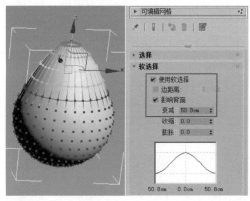

图4-93

◆ 3. 编辑几何体

"编辑几何体"卷展栏包含"创建""附加"等选项，选择不同的子对象级别，按钮的状态显示不同，例如，选择"多边形"级别时，"选定项""目标"等按钮呈灰色不可用

状态，如图4-94所示。

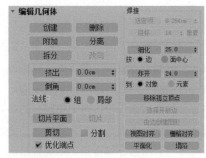

图4-94

◆ 4. 曲面属性

选择"顶点"级别时，"曲面属性"卷展栏包含"权重""编辑顶点颜色""顶点选择方式"等对顶点的影响度、颜色等进行调整的选项，如图4-95所示。

图4-95

选择"面""多边形""元素"级别时，"曲面属性"卷展栏如图4-96所示，包含"法线""材质""平滑组""编辑顶点颜色"等针对面、多边形、元素调整的参数。

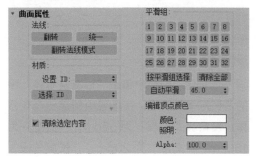

图4-96

4.3 多边形建模

可编辑多边形与可编辑网格的不同点在于：可编辑多边形没有"面"级别，多了"边界"级别，可编辑多边形的"多边形"级别可以设置为三角形面、四边形面或者多边形面。可编辑多边形的参数面板相比可编辑网格的参数面板增加了"细分曲面""细分置换""绘制变形"卷展栏。网格建模占用的系统资源比较少，操作起来方便，多边形建模也非常方便快捷。网格建模与多边形建模的区别在于：网格建模将"面"级别定义为三角形，而多边形建模将"面"级别定义为多边形，在进行编辑时，多边形将"面"定义为一个独立的子对象进行编辑。多边形建模的二级属性使多边形建模成为首选的低级模型建模方法。

4.3.1 课堂案例：制作梳妆台模型

场景位置	无
实例位置	实例文件 >CH04>4.3.1 课堂案例：制作梳妆台模型 .max
学习目标	掌握"挤出""切角""倒角""插入""倒角剖面"修改器的使用方法

本案例运用修改器制作梳妆台模型，案例效果如图4-97所示。

图 4-97

操作步骤

01 在"创建"面板中单击"标准基本体"中的"长方体"按钮，在场景中创建一个长方体，设置其"长度"为65cm、"宽度"为180cm、"高度"为20cm、"长度分段"为3、"宽度分段"为5、"高度分段"为2，

如图 4-98 和图 4-99 所示。

图 4-98

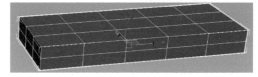
图 4-99

02 选择长方体，单击鼠标右键，在弹出的菜单中执行"转换为 > 转换为可编辑多边形"命令，选择"顶点"级别，如图 4-100 所示。单击主工具栏中的"选择并均匀缩放"按钮，观察顶、前、左和透视视图，调整顶点的位置，如图 4-101 所示。此操作是为了调整出抽屉、桌子脚部将要进行"挤出"操作的形状。

图 4-100

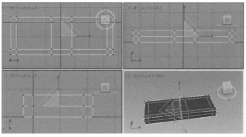
图 4-101

03 选择"多边形"级别，如图 4-102 所示，选择长方体底面 4 个角上的 4 个多边形，如图 4-103 所示。

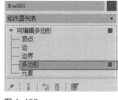
图 4-102

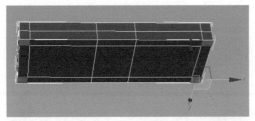

图 4-103

04 单击"编辑多边形"卷展栏中的"挤出"按钮，如图 4-104 所示，并设置"挤出"为 20cm，连续挤出 6 次，如图 4-105 所示。

图 4-104

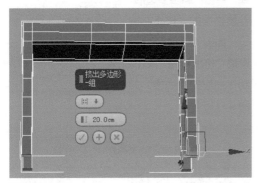

图 4-105

05 选择"顶点"级别，框选并依次调整挤出多边形的顶点，单击主工具栏中的"选择并均匀缩放"按钮，将桌腿调整为弯曲并带有粗细变化的造型，如图 4-106 所示。

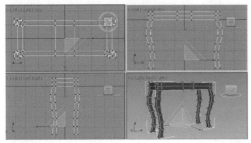

图 4-106

06 选择"边"级别，按住 Ctrl 键，选择桌腿四周的边，如图 4-107 所示。

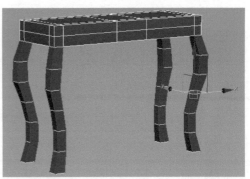

图 4-107

07 单击"编辑边"卷展栏中的"切角"按钮，设置"切角"为 0.3cm，如图 4-108 和图 4-109 所示。

图 4-108

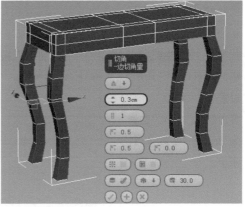

图 4-109

08 选择"边"级别，选择桌腿上部的两条边，按 Backspace 键将其删除，从而形成抽屉面，如图 4-110 所示。

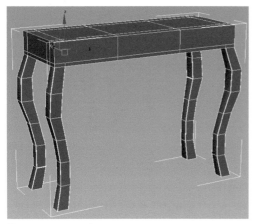

图 4-110

09 选择"多边形"级别,按住 Ctrl 键,选择删除边线后的 3 个侧面多边形,如图 4-111 所示。

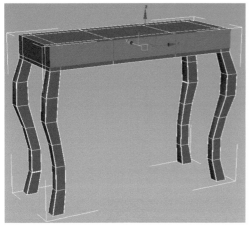

图 4-111

10 单击"编辑多边形"卷展栏中的"插入"按钮,如图 4-112 所示。设置插入"类型"为"按多边形",插入"数量"为 3cm,如图 4-113 所示。

图 4-112

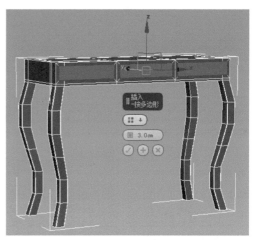

图 4-113

11 保持对多边形的选择,单击"编辑多边形"卷展栏中的"挤出"按钮,如图 4-114 所示。设置"挤出"为 -2cm,制作抽屉的凹线槽,如图 4-115 所示。

图 4-114

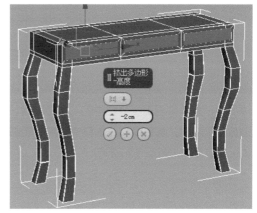

图 4-115

12 保持对多边形的选择,单击"编辑多边形"卷展栏中的"插入"按钮,如图 4-116 所示。设置插入"类型"为"按多边形",插入"数量"

图 4-116

为 0.5cm，如图 4-117 所示。

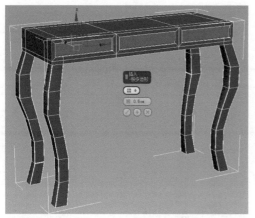

图 4-117

⑬ 保持对多边形的选择，单击"编辑多边形"卷展栏中的"挤出"按钮，如图 4-118 所示。设置"挤出"为 4cm，如图 4-119 所示。

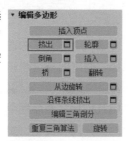

图 4-118

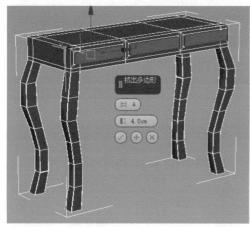

图 4-119

⑭ 保持对多边形的选择，单击"编辑多边形"卷展栏中的"插入"按钮。设置插入"类型"为"按多边形"，插入"数量"为 1cm，如图 4-120 所示。

⑮ 单击"倒角"按钮，设置"高度"为 1cm、

"轮廓"为 -0.5cm，制作出抽屉表面的造型，如图 4-121 所示。

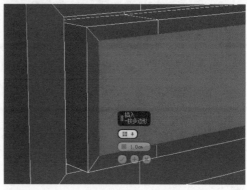

图 4-120

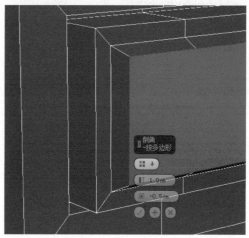

图 4-121

⑯ 选择"多边形"级别，选择桌面上所有的多边形面，单击"编辑多边形"卷展栏中的"倒角"按钮，如图 4-122 所示。设置倒角的"类型"为"局部法线"、"高度"为 3cm、"轮廓"为 3cm，如图 4-123 所示。

图 4-122

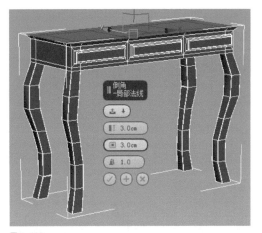

图 4-123

17 保持对多边形的选择，单击"编辑多边形"卷展栏中的"倒角"按钮，如图 4-124 所示。设置倒角的"类型"为"局部法线"、"高度"为 3cm、"轮廓"为 -3cm，如图 4-125 所示。

图 4-124

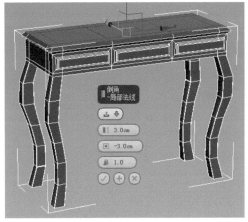

图 4-125

18 选择"边"级别，选择桌面四周的边，单击"编辑边"卷展栏中的"切角"按钮，设置"切角"

为 0.5cm，使模型的边缘更加圆滑，如图 4-126 所示。

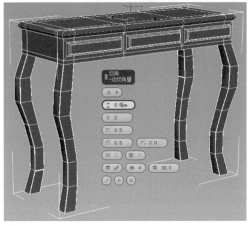

图 4-126

19 保持对多边形的选择，选择四条桌腿和桌子的底面，单击"编辑几何体"卷展栏中的"分离"按钮，如图 4-127 所示。在弹出的"分离"对话框中，设置"分离为"为"脚"，单击"确定"按钮，如图 4-128 所示。

图 4-127

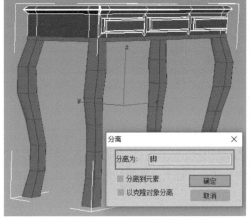

图 4-128

⑳选中分离出来的"脚"模型,单击鼠标右键,在弹出的菜单中执行"孤立当前选择"命令,就能看见图4-129所示红色的选中的空"边界"。选择"边界"级别,单击"编辑边界"卷展栏中的"封口"按钮,如图4-130所示,将模型的边界封闭。相同的方法也适用于桌面部分,可以对桌面的底部进行边界封口操作。

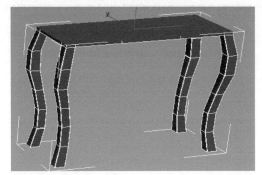

图 4-129

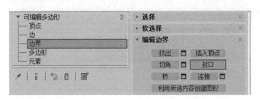

图 4-130

㉑选择"多边形"级别,在前视图中框选图4-131所示的多边形面,单击"编辑几何体"卷展栏中的"网格平滑"按钮,使模型的边缘变得平滑。如果想获取更加平滑的效果,可重复单击"网格平滑"按钮,如图4-132所示。

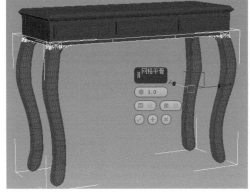

图 4-131

图 4-132

㉒单击"创建"面板"图形"选项卡"样条线"中的"矩形"按钮,在前视图中绘制一个"长度"为90cm、"宽度"为90cm、"角半径"为15cm的圆角矩形作为镜子,如图4-133和图4-134所示。

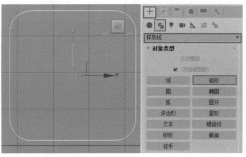

图 4-133

图 4-134

㉓选择圆角矩形,单击鼠标右键,在弹出的菜单中执行"转换为>转换为可编辑样条线"命令,选择"顶点"级别。在场景空白处单击鼠标右键,在弹出的菜单中执行"细化"命令,如图4-135所示,为圆角矩形添加顶点,并调整顶点的位置,做出镜子的轮廓形状,如图4-136所示。

㉔单击"创建"面板"图形"选项卡"样条线"中的"线"按钮,在左视图中绘制剖面形状,并修改名称为"剖面",如图4-137所示。

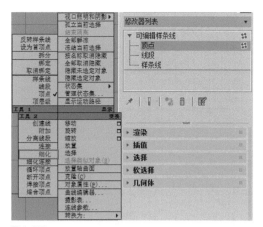

图 4-135

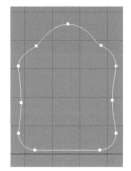

图 4-136

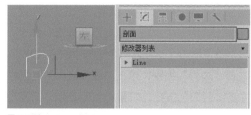

图 4-137

㉕ 选择镜框的轮廓样条线，为其添加"倒角剖面"修改器，设置"倒角剖面"为"经典"，单击"拾取剖面"按钮，在视图中选取第 24 步在左视图中绘制的剖面线段，效果如图 4-138 所示。

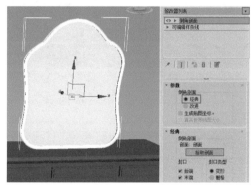

图 4-138

💡 技巧与提示

"倒角剖面"修改器在 3ds Max 2022 中有两种模式：一是"经典"模式，二是"改进"模式。"经典"模式展示以前版本中的卷展栏；"改进"模式则对"挤出分段""倒角深度""封口类型"等进行细分，让用户能根据参数设置创建出多样化的模型。

另外，在修改器面板中选择"倒角剖面"的"剖面 Gizmo"级别，使用"选择并旋转"工具可以调整"倒角剖面"对象的形状和大小。

㉖ 在前视图中创建一个半径为 3cm 的球体，单击鼠标右键，在弹出的菜单中执行"转换为 > 转换为可编辑多边形"命令，选择"顶点"级别，删除多余的顶点，调整顶点的位置，单击主工具栏中的"选择并均匀缩放"按钮，对选择的顶点进行调整，创建出抽屉把手的形状，如图 4-139 所示。

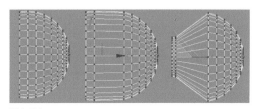

图 4-139

㉗ 将把手模型移至抽屉处，按住 Shift 键沿 x 轴拖曳复制两个把手，对镜框、桌台、桌脚的位置进行适当调整，完成梳妆台模型的制作，效果如图 4-140 所示。

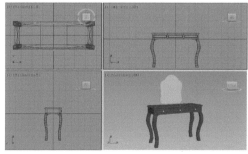

图 4-140

4.3.2 可编辑多边形

可编辑多边形其实也是一种网格对象，功能上与可编辑网格有很多相似之处。有两种常用的方法可以将三维对象或者二维图形转换成可编辑多边形。第一种方法是在修改器下拉列表中选择"编辑多边形"修改器；第二种方法是选中对象，单击鼠标右键，在弹出的菜单中执行"转换为>转换为可编辑多边形"命令。用这两种方法创建的可编辑多边形的属性基本相同，但是也存在一些差异。"编辑多边形"修改器具有修改器的属性，不会改变模型本身的属性，而"可编辑多边形"是直接将模型进行塌陷，转换了模型本身的属性，两者卷展栏的区别如图4-141和图4-142所示。

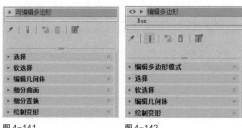

图4-141　　　　图4-142

编辑多边形建模通过修改顶点、边、边界、多边形和元素5个级别的子对象来改变形状。在3ds Max 2022工作界面的左上角，有"多边形建模"快捷面板，可以方便、快捷地进行建模，如图4-143所示，"修改选择""编辑""几何体(全部)""顶点""循环""细分""可见性""对齐""属性"快捷面板紧跟其后，提供了灵活的建模方法。

图4-143

将场景中的三维对象转换为可编辑多边形以后，其参数面板如图4-144所示，主要包含"选择""软选择""编辑几何体""细分曲面""细分置换""绘制变形"等卷展栏。下面对卷展栏中的参数进行详细介绍。

图4-144

◆ 1. 选择

"可编辑多边形"的"选择"卷展栏如图4-145所示，选择不同的级别，可用的按钮会有所差异。

图4-145

◆ 2. 软选择

"软选择"卷展栏如图4-146所示。勾选"使用软选择"复选框，模型的平滑效果会以选中的顶点为中心向四周扩散，以放射状的范围影响周围的顶点。在对选择的部分子对象进行变换时，可以让子对象以平滑的方式进行过渡。另外，可以通过控制"衰减""收缩""膨胀"的值来控制所选子对象区域的大小及控制子对象的力度的强弱。可编辑多边形的"软选择"卷展栏的使用方法与可编辑网格的"软选择"卷展栏的使用方法相似。

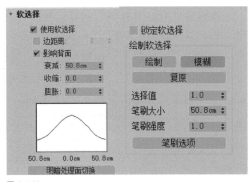

图 4-146

◆ 3. 编辑几何体

　　"编辑几何体"卷展栏包含约束、创建等的设置，如图4-147所示。

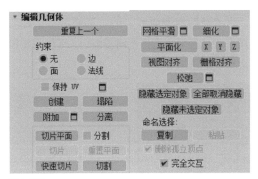

图 4-147

◆ 4. 细分曲面

　　"细分曲面"卷展栏包含平滑结果、显示、渲染等的设置，如图4-148所示。

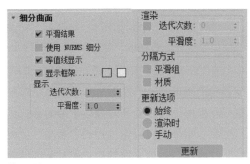

图 4-148

◆ 5. 细分置换

　　"细分置换"卷展栏包含细分预设、细分方法等的设置，如图4-149所示。

图 4-149

◆ 6. 绘制变形

　　"绘制变形"卷展栏是一种用于细化网格的工具，使用"笔刷"按钮来推拉顶点的位置，使模型的表面产生曲面变形，从而得到想要的模型效果，适用于一些需要修饰细节的模型，但是不能基于它设置动画效果，如图4-150所示。

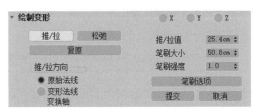

图 4-150

◆ 7. 编辑顶点和顶点属性

　　当选择"顶点"级别时，参数面板中会出现"编辑顶点""顶点属性"卷展栏，如图4-151所示。

图 4-151

　　"编辑顶点"卷展栏包含"移除""断开""挤出""焊接""切角"等选项，如图4-152所示。

图 4-152

"顶点属性"卷展栏与"顶点"级别下
"可编辑网格"的"曲面属性"卷展栏相似,
如图4-153所示。

图 4-153

◆ 8. 编辑边

当选择"边"级别时,参数面板中会出现
"编辑边"卷展栏,如图4-154所示。

图 4-154

"编辑边"卷展栏包含"插入顶点""移
除""分割"等选项,如图4-155所示。

图 4-155

◆ 9. 编辑边界

当选择"边界"级别时,参数面板中会出
现"编辑边界"卷展栏,如图4-156所示。

图 4-156

"编辑边界"卷展栏的功能与"顶点"
"边"级别下的相似,如图4-157所示。

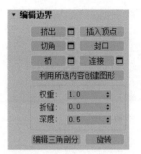

图 4-157

◆ 10. 编辑多边形

当选择"多边形"级别时,参数面板中会
出现"编辑多边形""多边形:材质 ID""多边
形:平滑组""多边形:顶点颜色"卷展栏,如
图4-158和图4-159所示。

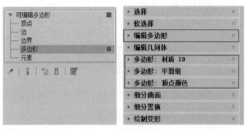

图 4-158　　　　图 4-159

"编辑多边形"卷展栏包含"插入顶
点""挤出""轮廓"等选项,如图4-160
所示。

"多边形:材质 ID""多边形:平滑组"
"多边形:顶点颜色"卷展栏与"顶点"
"边"级别下的相似,如图4-161到图4-163
所示。

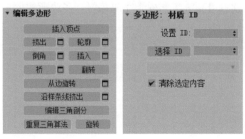

图 4-160　　　　图 4-161

图 4-162   图 4-163

◆ 11. 编辑元素

当选择"元素"级别时，参数面板中会出现"编辑元素"卷展栏，如图4-164和图4-165所示。

图 4-164   图 4-165

"编辑元素"卷展栏的功能与"编辑多边形"的相似，如图4-166所示。

图 4-166

4.4 课后习题

下面提供了两个课后习题供读者练习，读者可参考教学视频完成练习。多边形建模是重要的建模方式之一，经常用于各种模型的制作，其相关技巧和操作方法会因造型不同而产生变化。

4.4.1 课后习题：制作浴缸

场景位置	无
实例位置	实例文件 >CH04>4.4.1 课后习题：制作浴缸 .max
学习目标	练习多边形建模

参考效果图如图4-167所示。

图 4-167

4.4.2 课后习题：制作衣柜

场景位置	无
实例位置	实例文件 >CH04>4.4.2 课后习题：制作衣柜 .max
学习目标	练习多边形建模

参考效果图如图4-168所示。

图 4-168

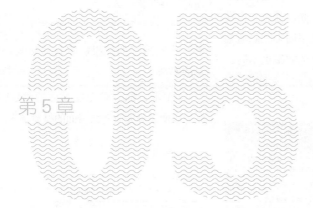

第 5 章

材质与贴图

本章导读

在三维虚拟世界里，建模是基础，材质和环境是烘托作品表现效果的重要手段。材质用于表现现实中物体的表面特性，材质与贴图技术能尽可能还原现实中物体的各种视觉效果，让模型更逼真。高超的贴图技术是制作高仿真模型的关键技术，主要用于模拟现实中物体的质地、纹理图案、灯光投影、反射、折射等效果，依靠各种贴图技术，可以创作出千变万化的材质。本章主要介绍材质编辑器的使用方法、材质的基本属性、扫描线渲染器呈现的材质属性、V-Ray 渲染器呈现的材质属性和常用材质类型的设置与使用，以及贴图类型的参数和使用方法

学习目标

- 掌握材质编辑器的使用方法。
- 掌握常用材质的使用方法。
- 掌握常用贴图的使用方法。

5.1 材质编辑器

材质用于模拟物体的外观特性，主要包含基本材质与贴图。材质的属性不仅是纹理纹样的不同，还会受色彩构成、光线强弱、自发光、透明度、凹凸感等影响。不同类型的渲染器所包含的属性不同，渲染出的效果也不同，材质的制作方法和表现形式也不同，如图5-1和图5-2所示。

图5-1

图5-2

通常，制作材质并将其应用于三维对象，大致有以下步骤。

第1步，选定材质球并进行命名，方便区分材质。

第2步，选择材质的类型，例如物理材质、双面材质、混合材质。

第3步，调整基础参数，如漫反射颜色、光泽度和透明度等。

第4步，引入外部图片赋给包含贴图的材质通道，并调整参数。

第5步，观察材质示例窗口中的材质效果，达到满意的效果后将材质赋给场景中选定的对象。

第6步，部分贴图还需要调整UV贴图坐标，以便正确完成对象表面的材质制作。

> 💡 技巧与提示
>
> 在3ds Max中，材质的构成并不是单一的，如图5-3和图5-4所示，即使是同一物体的表面也会因光影反映出多种颜色。常见的3种会改变物体颜色的因素分别为环境光、漫反射、高光反射。
>
>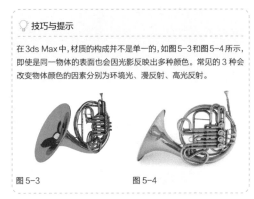
>
> 图5-3　　　　　　　　图5-4

3ds Max 2022提供了多种打开材质编辑器的方法。

第1种：执行"渲染>材质编辑器"命令可以打开精简材质编辑器或Slate材质编辑器，如图5-5所示。

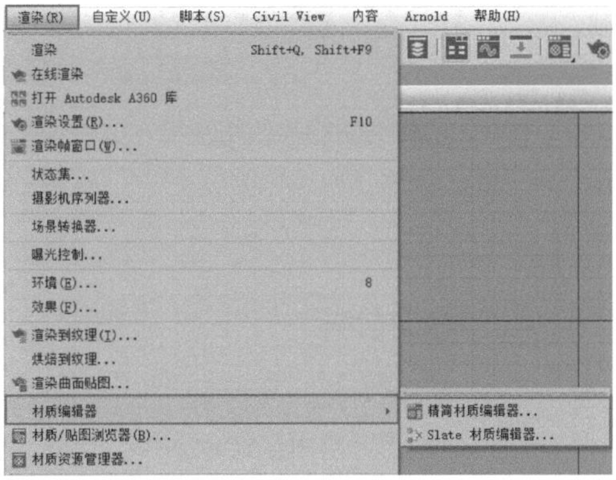

图5-5

第2种：在英文输入状态下，按快捷键M也

可以打开材质编辑器。

第3种：单击主工具栏中的"精简材质编辑器"按钮■或者"Slate材质编辑器"按钮■可打开对应的材质编辑器。

3ds Max 2022中的材质编辑器有精简材质编辑器、Slate材质编辑器。精简材质编辑器对应的窗口分为4个部分，顶部为菜单栏，充满材质球的窗口为材质示例窗，材质示例窗右侧和下方的两排按钮区域为工具栏，其余的是参数控制区，如图5-6所示。

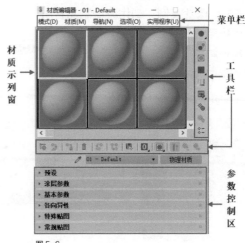

图 5-6

Slate材质编辑器又称板岩材质编辑器或石板材质编辑器，它不仅具备精简材质编辑器的所有功能，还能利用节点编辑材质与贴图的关系，使用材质表现的复杂结构关系变得清晰。"Slate材质编辑器"窗口分为8个部分，分别是菜单栏、工具栏、材质/贴图浏览器、状态栏、活动视图区、视图导航区、参数编辑区、导航器，如图5-7所示。

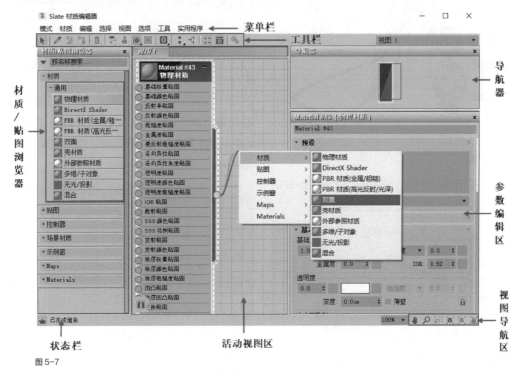

图 5-7

5.1.1 课堂案例：制作玻璃制品材质

场景位置	场景文件 >CH05> 玻璃制品 .max
实例位置	实例文件 >CH05>5.1.1 课堂案例：制作玻璃制品材质 .max
学习目标	熟悉材质编辑器，掌握材质的属性和参数

玻璃制品材质的应用效果如图5-8所示。

图 5-8

操作步骤

01 打开配套资源中的"场景文件 >CH05> 玻璃制品 .max"场景文件，如图 5-9 所示。

图 5-9

02 在"材质编辑器"窗口中选择一个空白材质球，将其命名为"酒架"，制作不锈钢金属材质。设置材质类型为"标准（旧版）"，设置"明暗器基本参数"为"金属"，设置"金属基本参数"中"环境光"的颜色为黑色（红：0，绿：0，蓝：0）、"漫反射"的颜色为白色（红：230，绿：230，蓝：230），设置"反射高光"的"高光级别"为107、"光泽度"为54，如图 5-10 所示。

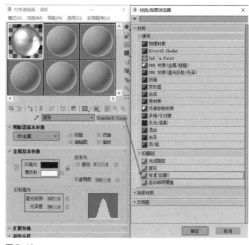

图 5-10

03 在"贴图"卷展栏的"反射"贴图通道中加载配套资源中的"实例文件 >CH05> 材质 >5.1.1 课堂案例：制作玻璃制品材质 >04.hdr"贴图文件，如图 5-11 所示。

图 5-11

04 选择一个空白材质球，将其命名为"红酒瓶"，制作红酒瓶的材质。设置材质类型为"光线跟踪"；设置"光线跟踪基本参数"的"明暗处理"

为 Phong，"环境光"的颜色为黑色（红：0，绿：0，蓝：0），"漫反射"的颜色为黑色（红：1，绿：0，蓝：0），"反射高光"的"高光颜色"为黑色（红：0，绿：0，蓝：0）、"高光级别"为 248、"光泽度"为 80，"亮度"的颜色为黑色（红：0，绿：0，蓝：0），"透明度"的颜色为灰色（红：112，绿：112，蓝：112），"折射率"为 1.6，如图 5-12 所示。

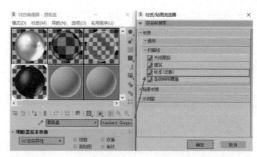

图 5-14

07 设置"各向异性基本参数"中"环境光"的颜色为黑色（红：20，绿：20，蓝：20）、"漫反射"的颜色为酒红色（红：55，绿：0，蓝：0）、"高光反射"的颜色为白色（红：255，绿：255，蓝：255），"漫反射级别"为 95，"反射高光"的"高光级别"为 23、"光泽度"为 32、"各向异性"为 37，如图 5-15 所示。

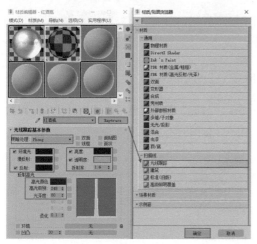

图 5-12

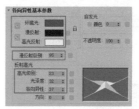

图 5-15

05 选择一个空白材质球，将其命名为"玻璃杯"，设置材质类型为"物理材质"，设置"预设"类型为"玻璃（薄几何体）"，如图 5-13 所示。

08 选择一个空白材质球，将其命名为"商标"，设置材质类型为"物理材质"，如图 5-16 所示。

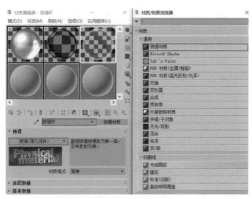

图 5-13

图 5-16

06 选择一个空白材质球，将其命名为"酒瓶盖"，设置材质类型为"标准（旧版）"，设置"明暗器基本参数"为"各向异性"，如图 5-14 所示。

09 在"基本参数"的"基础颜色""反射"贴图通道中加载配套资源中的"实例文件 >CH05> 材质 >5.1.1 课堂案例：制作玻璃制品材质 > 商标贴图 .png"，如图 5-17 所示。

图 5-17

制作好的玻璃制品材质的材质球效果如图5-18到图5-22所示。

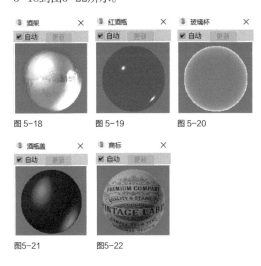

图 5-18　　　　图 5-19　　　　图 5-20

图5-21　　　　图5-22

5.1.2 菜单栏

精简材质编辑器的菜单栏分为5个部分，分别是"模式""材质""导航""选项""实用程序"。

◆1.模式

"模式"菜单主要用来切换当前选用的材质编辑器，如图5-23所示。

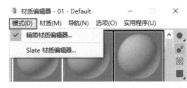
图 5-23

◆2.材质

"材质"菜单主要用来获取材质、从对象选取材质、保存当前材质到库文件，以及预览材质等，如图5-24所示。

图 5-24

◆3.导航

"导航"菜单主要用来切换材质或贴图的级别，如图5-25所示。

图 5-25

◆4.选项

"选项"菜单主要用来切换材质球的显示背景与材质，以及示例窗的显示数量等，如图5-26所示。

图 5-26

◆5.实用程序

"实用程序"菜单提供渲染贴图、对象选择和材质管理等选项，主要用来清理多维材质、重置材质编辑器窗口等，如图5-27所示。

图 5-27

5.1.3 材质示例窗

材质示例窗用于显示材质效果,通过它可以很直观地观察材质的基本属性,如反光、纹理和凹凸等。从示例窗中不但可以看到球形材质效果,还可以观看到立体贴图材质效果,如图5-28所示。

双击示例窗中的材质球,会弹出一个独立的材质球显示窗口,该窗口对原示例窗中的材质球进行放大,以便更清晰地观察当前制作的材质效果,如图5-29所示。

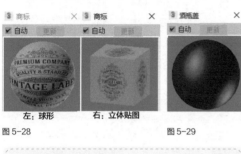

左:球形   右:立体贴图
图 5-28   图 5-29

> 💡 技巧与提示
>
> 在默认情况下,材质示例窗中一共有 24 个材质球,可以拖曳滚动条显示其他材质球,也可以按住鼠标中键拖曳旋转材质球,这样可以看到材质球其他位置的效果,如图5-30所示。

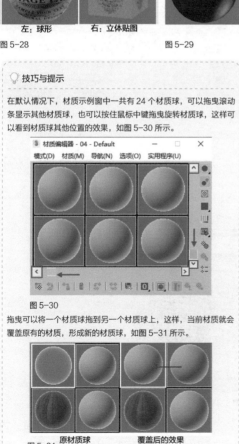

图 5-30
拖曳可以将一个材质球拖到另一个材质球上,这样,当前材质就会覆盖原有的材质,形成新的材质球,如图5-31所示。

原材质球   覆盖后的效果
图 5-31

可以直接将示例窗中的材质拖曳到场景中的对象上(即将材质指定给对象),将材质指定给对象后,材质球上会显示 4 个缺角的符号,如图 5-32 所示。

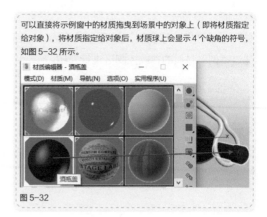

图 5-32

5.1.4 工具栏

"材质编辑器"窗口中的两个工具栏位于材质示例窗的右侧和底部,其部分按钮的功能与菜单栏对应命令的功能相同,如图5-33所示。

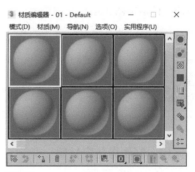

图 5-33

5.1.5 参数控制区

参数控制区用于调节材质的参数,材质参数都在这个区域中设置。不同的材质拥有不同的参数控制区,例如"物理材质"类型包含"预设""涂层参数""基本参数""各向异性""特殊贴图""常规贴图"等参数,如图5-34所示。

图 5-34

而"多维/子对象"类型包含"设置数量""子材质"等参数，如图5-35所示。下面通过案例对材质的参数控制区进行介绍。

图5-35

5.2 基础材质类型

3ds Max 2022内置的渲染器有5个，包括Quicksilver硬件渲染器、ART渲染器、扫描线渲染器、VUE文件渲染器、Arnold渲染器，如图5-36所示。

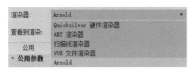

图5-36

5.2.1 课堂案例：制作青花瓷材质

场景位置	场景文件 >CH05> 青花瓷器 .max
实例位置	实例文件 >CH05>5.2.1 课堂案例：制作青花瓷材质 .max
学习目标	掌握标准材质、多维/子对象材质和混合材质的参数设置方法

案例效果如图5-39所示。

图5-39

操作步骤

01 打开本书配套资源中的"场景文件 >CH05>

不同的渲染器对应的材质与贴图属性不同，"材质/贴图浏览器"对话框所呈现的材质类型也不同。图5-37所示为扫描线渲染器对应的"材质/贴图浏览器"对话框，图5-38所示为Arnold渲染器对应的"材质/贴图浏览器"对话框。所以，在进行材质制作时，要先选定渲染器类型，然后才能进行相应的参数设置。

图5-37　　　　　　　　　　图5-38

青花瓷器 .max"文件，如图 5-40 所示。

图5-40

02 为瓷器添加"壳"修改器，增加其厚度，为对内部和外部创建不同的材质做准备。设置"壳"

修改器的"内部量""外部量"为1, 勾选"覆盖内部材质 ID""覆盖外部材质 ID"复选框, 设置"内部材质 ID""外部材质 ID"分别为1和2, 如图 5-41 所示。

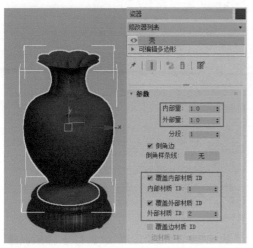

图 5-41

03 在"材质编辑器"窗口中选择一个空白材质球, 将其命名为"青花瓷", 设置材质类型为"多维 / 子对象", 修改"设置数量"为 2, 将 ID1 的"名称"修改为"青瓷", 将 ID2 的"名称"修改为"图纹", 如图 5-42 所示。

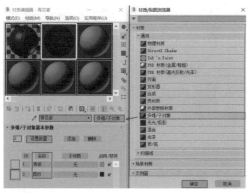

图 5-42

04 单击"青瓷"右侧的"无"按钮, 在"材质 / 贴图浏览器"对话框中选择"标准 (旧版)"材质, 如图 5-43 所示。

此时会跳转到标准材质的参数面板, 在

"Blinn 基本参数"卷展栏中, 设置"漫反射"颜色为白色, 设置"高光级别"为65、"光泽度"为 50, 如图 5-44 所示。

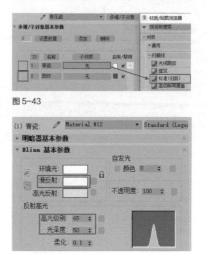

图 5-43

图 5-44

05 单击"转到父对象"按钮, 如图 5-45 所示, 返回"多维 / 子对象"材质面板。

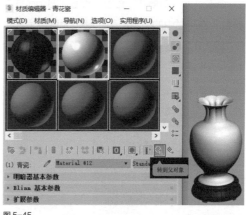

图 5-45

06 单击"图纹"右侧的"无"按钮, 在"材质 / 贴图浏览器"对话框中选择"混合"材质, 如图 5-46 所示, 然后单击"确定"按钮。

07 进入混合参数面板, 在"混合基本参数"卷展栏中, 分别单击"材质1""材质2"右侧的"无"按钮, 为它们指定"标准 (旧版)"材质类型, 如图 5-47 所示。

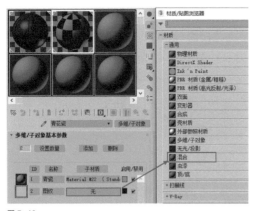

图 5-46

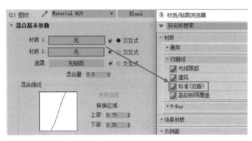

图 5-47

08 单击进入"材质 1"面板，设置"Blinn 基本参数"卷展栏中的"漫反射"颜色为蓝色（红：3，绿：97，蓝：178），设置"高光级别"为10、"光泽度"为5，如图 5-48 所示。

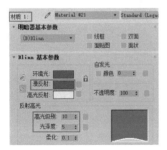

图 5-48

单击进入"材质 2"面板，设置"Blinn 基本参数"卷展栏中的"漫反射"颜色为白色，设置"高光级别"为 92、"光泽度"为 80，如图 5-49 所示。

09 单击"转到父对象"按钮，返回"图纹"材质面板，将配套资源中的"材质 > 青花瓷贴图"

导入"遮罩"贴图通道中，选择"交互式"单选项，如图 5-50 所示。

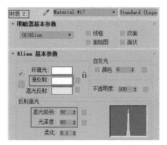

图 5-49

图 5-50

10 执行"渲染 > 渲染设置"命令，打开"渲染设置"对话框，单击"渲染"按钮，即可进行渲染。青花瓷材质制作完成后的场景效果和材质示例窗中的效果如图 5-51 和图 5-52 所示。

图 5-51   图 5-52

5.2.2 标准材质

标准材质是3ds Max中使用频率比较高的材质之一。在3ds Max 2022中，当渲染器为扫描线渲染器时才会显示"标准(旧版)"材质，如图5-53所示。

标准材质可以模拟大多数真实世界中的材

质，其参数面板如图5-54所示。

图 5-53

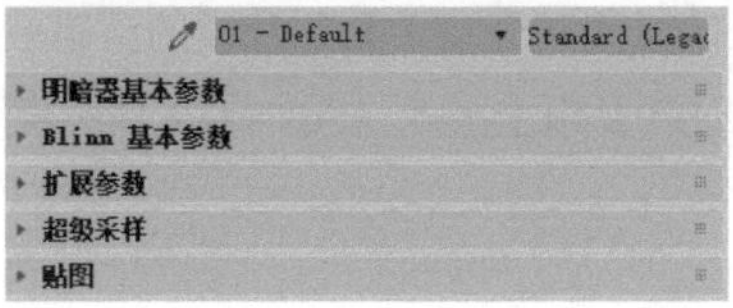

图 5-54

◆ 1. 明暗器基本参数

"明暗器基本参数"卷展栏用于选择标准材质的明暗器类型，还可以设置"线框""双面""面贴图""面状"等参数，如图5-55所示。

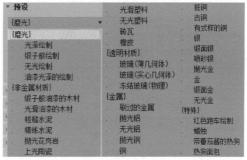

图 5-55

◆ 2. Blinn 基本参数

"Blinn基本参数"卷展栏包含一些控件，用来设置材质的颜色、反光度、透明度等，并指定应用于材质各种组件的贴图。展开"Blinn基本参数"卷展栏，可以设置材质的"环境光""漫反射""高光反射""自发光""不透明度""高光级别""光泽度""柔化"等参数，如图5-56所示。

图 5-56

5.2.3 物理材质

物理材质几乎可以模拟现实生活中所有物理对象的材质，包括"预设""涂层参数""基本参数""各向异性""特殊贴图""常规贴图"等卷展栏，如图5-57所示。物理材质是一种现代的分层材质，可以与ART渲染器兼容。

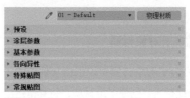

图 5-57

物理材质具有标准和高级参数以支持最佳材质用途，避免非物理调整，还可以直接从"预设"卷展栏中取得材质。物理材质的预设列表如图5-58所示。

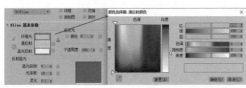

图 5-58

5.2.4 混合材质

使用混合材质可以在单个面上将两种材质进行混合。混合材质还具有可设置动画的"混合量"参数，该参数可以用来绘制材质变形功能曲线，以控制随时间混合两个材质的方式，从而形成动画。混合材质的参数面板如图5-59所示。

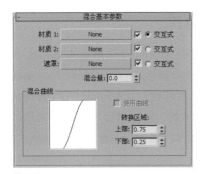

图 5-59

5.2.5 多维 / 子对象材质

使用多维/子对象材质可以根据几何体的子
对象级别分配材质。创建多维材质,将其指定给
对象并选中面,然后选择多维材质中的子材质指
定给选中的面。多维/子对象材质的参数面板如
图5-60所示,可设置子对象的数量,或对子对
象进行添加、删除等操作。多维/子对象材质的
应用示例效果如图5-61所示。

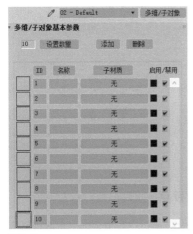

图 5-60

图 5-61

VRay 材质

V-Ray是一款高质量渲染引擎,深受业
界欢迎。想要拥有VRay材质,就必须安装基
于V-Ray内核开发的V-Ray for 3ds Max插
件。安装好与3ds Max匹配的V-Ray渲染器插
件后,就能得到一种特殊的材质——VRay材
质。在场景中使用VRay材质能够获得更加准
确的物理照明(光线分布)和照片级的渲染效
果。V-Ray 5.0及以上版本与3ds Max 2022更
加贴合。

5.3.1 课堂案例:制作厨房器皿材质

场景位置	场景文件 >CH05> 厨房器皿 .max
实例位置	实例文件 >CH05>5.3.1 课堂案例:制作厨房器皿材质 .max
学习目标	掌握 VRay 材质参数的设置方法

案例效果如图5-62所示。

图 5-62

操作步骤

01 打开本书配套资源中的"场景文件 >CH05> 厨房器皿 .max"文件，如图 5-63 所示。

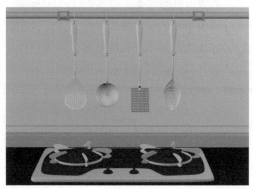

图 5-63

02 打开"材质编辑器"窗口，选择一个空白材质球，命名为"陶瓷把"，设置材质类型为"VRayMtl 材质"，如图 5-64 所示。

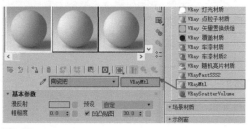

图 5-64

03 展开"陶瓷把"VRay 材质的"基本参数"卷展栏，设置"漫反射"颜色为红色（红: 108，绿: 0，蓝: 0），设置"反射"通道为"衰减"材质、"光泽度"为 0.9，如图 5-65 所示。

图 5-65

04 展开"陶瓷把""反射贴图"通道的"衰减参数"卷展栏，设置"衰减类型"为 Fresnel，如图 5-66 所示。

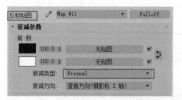

图 5-66

05 打开"材质编辑器"窗口，选择一个空白材质球，命名为"厨具"，设置材质类型为"VRayMtl 材质"，如图 5-67 所示。

图 5-67

06 展开"厨具"VRay 材质的"基本参数"卷展栏，设置"漫反射"颜色为灰色（红: 128，绿: 128，蓝: 128），设置"反射"颜色为月光白色（红: 220，绿: 220，蓝: 220）、"光泽度"为 0.9，取消勾选"菲涅尔反射"复选框，如图 5-68 所示。

图 5-68

07 将制作好的"陶瓷把""厨具"VRay 材质指定给场景中相应的对象，场景效果如图 5-69 所示。

图 5-69

5.3.2 VRayMtl 材质

V-Ray渲染器是外挂在3ds Max平台上，主要用于产品设计、室内外装潢设计、建筑设计的渲染器。当选择V-Ray为当前渲染器时，VRayMtl材质才可用。"材质/贴图浏览器"对话框中包含了许多特殊的材质，如"VRay灯光材质""VRay卡通材质""VRay亮片材质""VRay双面材质"等，如图5-70所示。

图 5-70

V-Ray渲染器提供的VRayMtl材质，在场景中能够体现出更加准确的物理照明（光线分布）效果，渲染速度很快，反射和折射参数的调节也很方便。使用VRayMtl材质，可以应用不同的纹理贴图，控制其反射和折射，增加凹凸贴图和置换贴图，强制进行全局照明计算，选择用于材质的双向反射分布函数（Bidirectional Reflectance Distribution Function，BRDF）。VRayMtl材质的参数面板如图5-71所示。

图 5-71

◆ 1. 基本参数

VRayMtl材质参数面板中包含"基本参数""清漆层参数""光泽层参数""双向反射分布函数""选项""贴图"6个卷展栏。"基本参数"卷展栏如图5-72所示，用于设置漫反射、反射、折射、半透明、自发光、倍增等参数。

图 5-72

"半透明"模式所产生的效果通常也叫 SSS 效果，最重要的是它能得到光线的次表面散射效果，当光线直射到半透明物体上时，光线会在半透明物体内部进行分散，然后从物体的四周发散出来，从而模拟现实世界中物体的半透明效果，如图 5-75 所示。

图 5-75

◆ 2. 双向反射分布函数

"双向反射分布函数"卷展栏如图 5-76 所示，用于设置材质的光泽度、粗糙度、各向异性等参数。

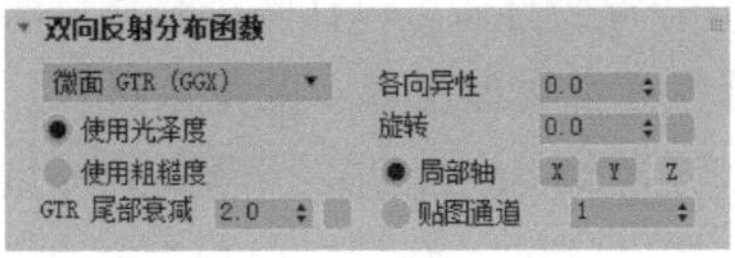

图 5-76

> 💡 技巧与提示
>
> BRDF 现象在物理世界中随处可见。例如，我们可以看到不锈钢锅底的高光形状是由锥形构成的，如图 5-77 所示，这就是 BRDF 现象。因为不锈钢表面有规律的、均匀的凹槽（如常见的拉丝不锈钢效果），光反射到这样的表面上就会产生 BRDF 现象。
>
>
>
> 图 5-77

◆ 3. 选项

"选项"卷展栏如图 5-78 所示，用于设置材质的跟踪反射，跟踪折射，是否使用双面、发光贴图及效果 ID 等。

图 5-78

◆ 4. 贴图

"贴图"卷展栏提供了多种材质的贴图选项，对 VRayMtl 材质中的所有贴图进行了归类，如图 5-79 所示，部分贴图参数，如"漫反射""反射""光泽度"等，与其他卷展栏中的相同。

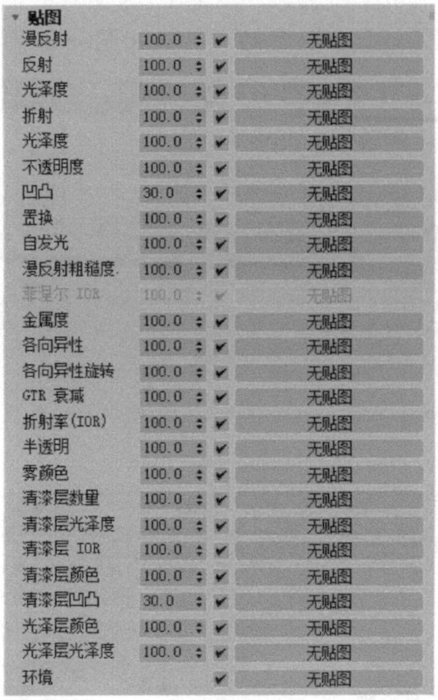

图 5-79

> 💡 技巧与提示
>
> 在制作效果图或者动画时，可以添加一张环境贴图来呈现现实中物体的反射、折射效果。在"环境"贴图通道中加载一张位图贴图，渲染时，材质表面会呈现贴图效果，如图 5-80 所示，左侧为没有添加"环境"贴图的效果，右侧为添加了"环境"贴图的效果。
>
>
>
> 图 5-80
>
> 注意，需要将环境贴图的"坐标"卷展栏中的类型设置为"环境"，所添加的贴图才能正常使用，如图 5-81 所示。
>
>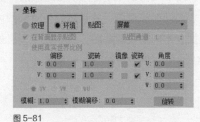
>
> 图 5-81

5.3.3 VRay 灯光材质

VRay灯光材质主要用来模拟物体的自发光效果，例如灯具，其参数卷展栏如图5-82所示，用于设置灯光材质的颜色、贴图、不透明度等参数。示例效果如图5-83所示。

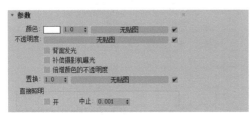

图 5-82

图 5-83

5.3.4 VRay 双面材质

使用VRay双面材质可以使对象的外表面和内表面同时被渲染，并且可以使对象的内外表面拥有不同的纹理贴图，其参数卷展栏如图5-84所示。示例效果如图5-85所示。

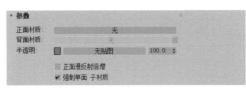

图 5-84

图 5-85

5.3.5 VRay 混合材质

使用VRay混合材质可以让多个材质以层的方式混合来模拟物理世界中的复杂材质。VRay混合材质与3ds Max 2022中默认材质里的混合材质的效果相似，如"5.2.1课堂案例：制作青花瓷材质"中就既有图纹材质也有青瓷材质，两者相比，VRay混合材质的渲染速度更快一些，其参数卷展栏如图5-86所示。

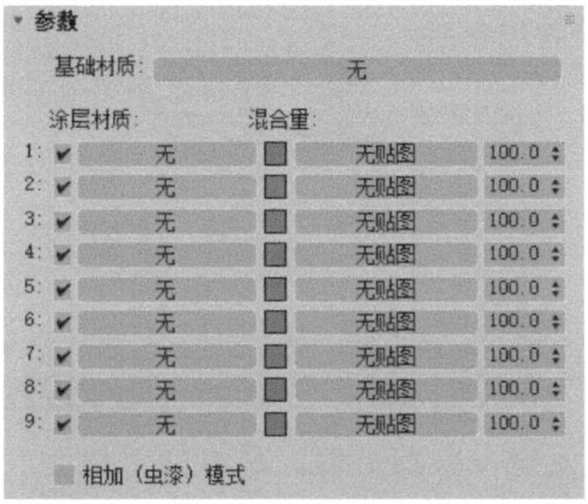

图 5-86

5.4 贴图技术

贴图技术在不增加三维对象结构复杂程度的基础上增加物体表面材质的细节、纹理，创建反射、折射、凹凸和镂空等多种效果，最大限度提高材质的真实感。贴图技术还可以用于创建环境或者灯光投影效果，使其更加接近真实的环境效果，如图5-87所示。

图 5-87

贴图技术参数面板中包含的内容如图5-88所示。按功能划分，大致可以分为二维贴图、三维贴图、合成贴图，以及用于颜色修改和用于反射、折射效果的贴图。其中，最常用的是二维贴图和三维贴图。二维贴图是指将图像文件直接投射到对象的表面或者指定给"环境"

贴图通道作为场景背景的贴图；三维贴图属于程序类贴图，依靠程序参数的调整产生图案效果，能赋予对象从里到外的贴图，且有自己特定的贴图坐标系统，主要用于各种纹理的体现，如木纹、水波、大理石材质等。

图 5-88

5.4.1　课堂案例：制作白掌植物材质

场景位置	场景文件 >CH05> 白掌植物 .max
实例位置	实例文件 >CH05>5.4.1 课堂案例：制作白掌植物材质 .max
学习目标	掌握二维贴图技术制作材质的方法

案例效果如图5-89所示。

图 5-89

植物叶片材质的基本属性主要有以下两点。

（1）带有明显的叶脉纹理。

（2）有一定的高光反射效果。

操作步骤

01 打开本书配套资源中的"场景文件 >CH05> 白掌植物 .max"文件，如图 5-90 所示。

图 5-90

02 在"材质编辑器"窗口中选择一个空白材质球，设置材质类型为"标准（旧版）"，并将其

命名为"叶子"，具体参数设置和效果如图 5-91 和图 5-92 所示。

设置步骤

①在"漫反射"贴图通道中加载配套资源中的"材质>leaf.jpg"文件。

②在"不透明度"贴图通道中加载配套资源中的"材质>leaf通道.jpg"文件。

③在"反射高光"选项组中设置"高光级别"为10、"光泽度"为50。

图 5-91　　　　　　　　　　　　图 5-92

03 将制作好的材质分别指定给叶子模型，场景效果如图5-93和图5-94所示。

图5-93　　　　　图5-94

5.4.2 二维贴图

二维贴图通常被直接投射到几何对象表面或指定给"环境"贴图通道用作场景背景，主要包括位图、棋盘格、combustion、渐变、渐变坡度、漩涡、平铺等。下面对常用的二维贴图和贴图参数进行介绍。

◆ 1. 贴图坐标参数

贴图坐标用于指定贴图在几何体上放置的位置、调整贴图的方向及缩放比例。贴图坐标通常用U、V、W指定，其中U是水平维度，V是垂直维度，W是可选的第三维度（深度），其卷展栏如图5-95所示。

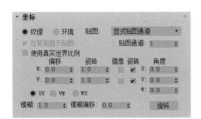

图5-95

◆ 2. 位图贴图

位图贴图是一种最基本的贴图，也是最常用的贴图。位图贴图支持很多种格式，包括AVI、BMP、GIF、JPEG、PNG、Adobe PSD Reader和TIF等，如图5-96所示。

使用位图贴图时，系统会自动查找路径并显示在"位图"后的按钮上，如图5-97所示。但是，当在文件夹中移动了图片，即图片路径发生改变，系统并不会自动寻找，而需要手动进行追踪，建议将全部的贴图与场景文件（.max）放置在同一目录文件内，这样打开MAX文件时，系统会自动寻找贴图。

图5-96

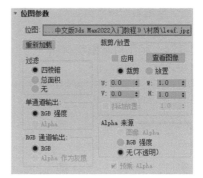

图5-97

◆ 3. 棋盘格贴图

棋盘格贴图像国际象棋的棋盘一样产生两色方格交错的图案，可以用来制作双色棋盘效果，如图5-98所示。

图5-98

棋盘格贴图最常用于检测模型的UV贴图是否合理，如果棋盘格分布得太稀疏或太稠密，就说明此处的UV贴图存在被拉伸的现象，模型的贴图就会出现变形、缩放等非正常效果，如图5-99所示。

图 5-99

棋盘格贴图通过两种颜色产生多彩的方格，常用于格状纹理、墙砖、地板等有序列的材质，"棋盘格参数"卷展栏如图5-100所示。

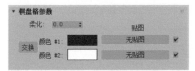

图 5-100

◆ 4. 渐变贴图

渐变贴图是将两种或三种颜色渐变应用到材质中，如渐变颜色的物体表面、灯光、场景背景等，如图5-101所示。

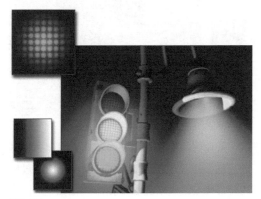

图 5-101

渐变颜色相互混合，当指定所需的颜色后，中间值将自动插值，选择渐变类型为线性或径向，以及噪波的数量、大小、相位等。其参数面板如图5-102所示。

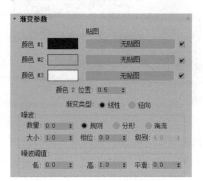

图 5-102

5.4.3　三维贴图

三维贴图是产生三维空间图案的程序贴图。例如，将指定了大理石贴图的几何体切开，依旧能看见它的内部同样显示着和外部材质一样的纹理。3ds Max 2022中的三维贴图包括细胞、衰减、高级木材、烟雾、大理石、烟雾、斑点、噪波、灰泥、泼溅、波浪等。

◆ 1. 贴图坐标参数

三维贴图坐标与二维贴图坐标有所不同，新增了z轴的参数，可以对贴图的偏移、角度等进行精确设置，其卷展栏如图5-103所示。

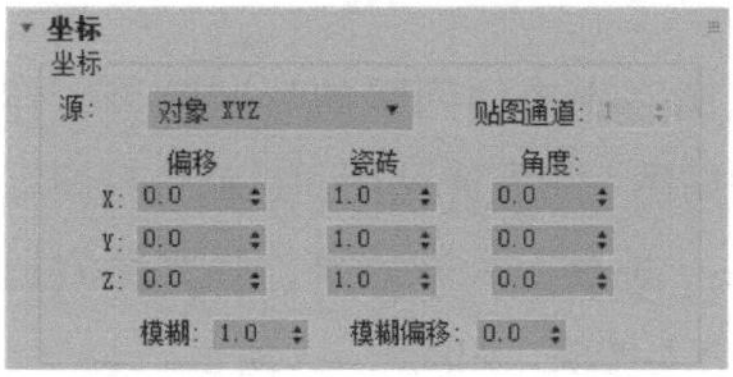

图 5-103

◆ 2. 细胞贴图

细胞贴图是一种程序贴图，用于产生马赛克、鹅卵石、细胞壁等随机序列贴图效果或是海洋效果，如图5-104所示。

图 5-104

使用细胞贴图可生成各种视觉效果的细胞图案，其卷展栏如图5-105所示，用于设置圆形、碎片、分形类型等细胞特性，以及细胞的大小、扩散、凹凸平滑值等。

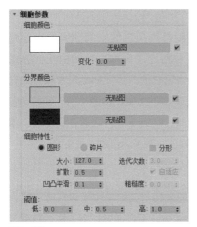

图 5-105

◆ 3. 衰减贴图

衰减贴图产生由明到暗的衰减效果，作用于不透明贴图、自发光贴图和过滤色贴图等时，可产生一种透明衰减效果，强光地方透明，弱光地方不透明，如图5-106所示。

衰减贴图作为不透明贴图可以产生透明衰减效果；作为发光贴图可以产生光晕效果，用于表现霓虹灯、太阳光。"衰减参数"卷展栏如图5-107所示。

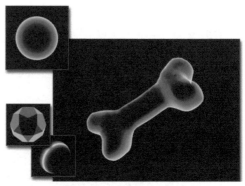

图 5-106

图 5-107

◆ 4. 噪波贴图

噪波贴图基于两种颜色或材质的交互创建曲面的随机扰动效果，如图5-108所示。

图 5-108

使用噪波贴图可以将噪波效果添加到物体的表面，以突出材质的质感。噪波贴图通过应用分形噪波函数来扰动像素的UV贴图，从而表现出非常复杂的材质效果，如街道边缘的噪波贴图。"噪波参数"卷展栏如图5-109所示。

图5-109

5.4.4 合成器贴图

合成器贴图是指将不同颜色或者贴图合成在一起的贴图类型。在进行图像处理时,合成器能够将两种或者更多种的图像按照指定的方式结合在一起,主要包括合成、遮罩、混合等贴图。

◆1. 合成贴图

合成贴图将多个贴图组合在一起,通过贴图自身的Alpha通道或者多种叠加方式来决定彼此之间的透明度。此类贴图可以使用包含Alpha通道的图像或者遮罩图片、内置融合模式等,还可以使用Photoshop中的图片。合成贴图将星星、月亮和光晕组合到天空中的效果如图5-110所示,"合成层"卷展栏如图5-111所示。

图5-110

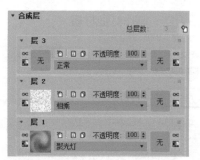

图5-111

◆2. 遮罩贴图

遮罩贴图是将一张图片作为遮罩,遮罩图本身的明暗强度将决定透明的程度,即底图的显示程度。默认情况下,白色为不透明,显示贴图;黑色为全透明,显示基本材质。也可以通过勾选"反转遮罩"复选框来进行切换,其效果和卷展栏如图5-112和图5-113所示。

图5-112

图5-113

5.5 课后习题

本节准备了两个课后习题,读者可参考教学视频完成练习。

5.5.1 课后习题：制作灯泡材质

场景位置	场景文件 >CH05> 灯泡 .max
实例位置	实例文件 >CH05>5.5.1 课后习题：制作灯泡材质 .max
学习目标	练习材质的反射、折射、贴图的设置方法

参考效果如图5-114所示。

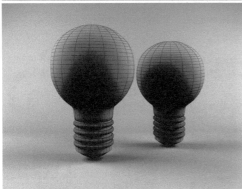

图 5-114

5.5.2 课后习题：制作摩托车车身材质

场景位置	场景文件 >CH05> 摩托车 .max
实例位置	实例文件 >CH05>5.5.2 课后习题：制作摩托车车身材质 .max
学习目标	练习各种常用材质的制作方法

参考效果如图5-115所示。

图 5-115

06

第 6 章

灯光与摄影机

本章导读

本章将介绍 3ds Max 2022 中的灯光与摄影机。3ds Max 的灯光系统可以模拟真实世界中的各种光源，为场景提供照明和灯光特效。本章主要介绍"标准"灯光系统及灯光的基本参数的设置和应用，以及三维场景中灯光的布置方法及技巧。3ds Max 中的摄影机拥有超越现实摄影机的能力，可快速地更换镜头、无障碍地变焦等。无论是静态的画面还是动态的图像，在摄影机视图中都能实时展现。本章主要介绍常用的物理摄影机和目标摄影机及其相关的参数设置、应用，为了让读者理解参数的作用，本章特别针对摄影机参数中的相关术语进行了解释。

学习目标

- 掌握"标准"灯光系统的应用。
- 理解灯光的基本参数。
- 掌握物理摄影机的使用方法。
- 掌握目标摄影机的使用方法。
- 理解摄影机的相关术语。

6.1 标准灯光系统

3ds Max 2022为模拟现实生活中的不同的光源类型，内置了3个灯光系统：光度学、标准、Arnold。不同灯光系统的光源产生的照明效果不同，对应的给场景布光的方法也不同。"光度学"灯光系统提供了"目标灯光""自由灯光""太阳定位器"，如图6-1所示。"标准"灯光系统提供了"目标聚光灯""自由聚光灯""目标平行光""自由平行光""泛光""天光"，如图6-2所示。Arnold灯光系统提供了Arnold Light，如图6-3所示。

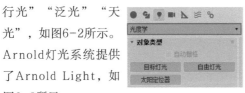

图6-1

图6-2   图6-3

灯光的使用不仅可以提高场景的明亮程度，还能通过逼真的照明效果，形成阴影，模拟各种光源，增加场景的清晰度和三维纵深感，从而提高场景的真实性。一般情况下，软件场景会使用默认的照明方式，这种照明方式下的灯光对象在场景中是不可见的。当在场景中创建了灯光对象后，系统默认的照明方式会自动关闭；如果将创建的灯光全部删除，默认照明方式又会重新启动。

"标准"灯光是3ds Max中的传统灯光，属于模拟的灯光，生活中的各种光源都可以在"标准"灯光系统中找到源对象，所以是最常用的灯光系统之一。光源的发光方式不同会产生不同的光照效果，与"光度学"灯光系统相比，"标准"灯光系统最大的优势是基于物理

属性的参数设置，更容易被用户理解。

6.1.1 课堂案例：制作室内柔和阳光

场景位置　　场景文件 >CH06>01.max
实例位置　　实例文件 >CH06>6.1.1 课堂案例：制作室内柔和阳光 .max
学习目标　　掌握平行光、泛光的使用方法

案例效果如图6-4所示。

图6-4

操作步骤

01 打开本书配套资源中的"场景文件 >CH06>01.max"文件。在场景中，没有添加灯光时系统采用默认照明方式，如图6-5（上）所示。当对当前场景进行渲染后，场景中就只保留了外环境贴图所反射的光线，如图6-5（下）所示。所以，当我们在场景中添加灯光以后，最好通过渲染进行观察，这样才能更好地进行调节与设置。

02 单击"标准"中的"目标平行光"按钮，在场景中模拟太阳光照射在房间中的效果，如图6-6和图6-7所示。

03 单击"目标平行光",将其重命名为"太阳",
展开"平行光参数"卷展栏,调整"聚光区 / 光
束"的值,使浅蓝色线框包含场景中的"房间"
对象,调整"衰减区 / 区域"的值直至深蓝色线
框包裹整个场景,如图 6-8 和图 6-9 所示。对
于此步骤涉及的参数值,读者可以根据场景实
际情况灵活调整。

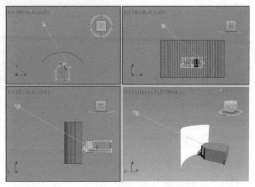

图 6-6

图 6-5

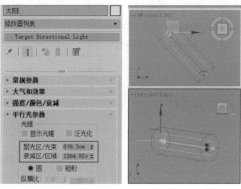

图 6-7

图 6-8   图 6-9

04 晴天时,阳光的颜色为淡黄色(红:250,绿:255,蓝:175,色调:45,饱和度:80,亮度:
255)。所以,展开"太阳"目标平行光的"强度 / 颜色 / 衰减"卷展栏,调整"倍增"为 0.05,
设置"灯光颜色"为淡黄色(红:254,绿:255,蓝:238,色调:45,饱和度:17,亮度:
255),如图 6-10 所示。

在此步骤中,"倍增"值
的高低与场景大小、灯光
的位置有关,所以,读者
可根据场景中这些元素将
"倍增"调整至合适的值。

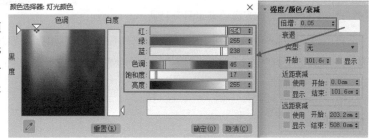

图 6-10

05 单击"标准"中的"泛光"按钮，在场景中添加两到三盏泛光灯用于模拟室内补充光源。修改

泛光灯的常规参数，勾选
"使用全局设置"复选
框，选择类型为"高级光
线跟踪"，目的是让光线
均匀、柔和地分布在房间
中。展开"强度/颜色/
衰减"卷展栏，调整"倍
增"为0.01，设置"灯光
颜色"为（红：255，绿：
247，蓝：247，色调：
255，饱和度：8，亮度：
255），勾选"近距衰减"
选项组中的"使用"复选
框和"远距衰减"选项组
中的"使用"复选框，从
而模拟真实灯光的光线衰
减效果，如图6-11所示。

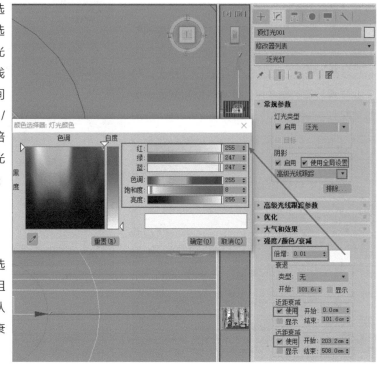

图6-11

6.1.2 聚光灯

3ds Max 2022提供了目标聚光灯和自由聚光灯两种聚光灯。目标聚光灯产生锥形的照射区域，在照射区以外的对象不受聚光灯影响。目标聚光灯有投射点和目标点两个图标可调节，优点是方向性好，将其加入投影设置，可产生静态仿聚光灯效果。它有矩形和圆形两种投影区域，矩形适用于制作电影投影、窗户光的投影；圆形适用于制作路灯、车灯、台灯、舞台灯的投影效果。目标聚光灯像闪光灯一样聚集光束，类似于在剧院中或桅灯下的聚光区，使用可移动目标对象指向灯光。目标聚光灯的光源效果如图6-12所示。

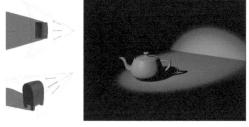

图6-12

自由聚光灯也产生锥形的照射区域，但它只有一个控制图标，无法对投射点和目标点进行调节。其优点是不会在视图中改变投射范围，从而非常适合作为一些动画的灯光光源，如摇晃的船桅灯、晃动的手电筒等。

6.1.3 平行光

3ds Max 2022提供了目标平行光和自由平行光两种平行光。目标平行光产生单方向的平行照

射区域，当太阳光向地球表面照射时，所有光线朝向一个方向，为平行光线，所以平行光主要用于模拟太阳光，并且可以调整灯光的颜色和位置并在三维空间中旋转灯光。假如用作体积光源，目标平行光还可以产生一个光柱，用来模拟探照灯、激光光束等效果。目标平行光指定了一个注视控制器，在"运动"面板中改变注视目标，即可形成动画。目标平行光的光源效果如图6-13所示。

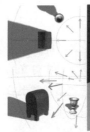

图6-14

图6-13

自由平行光产生平行的照射区域，因此它是一种受限制的目标平行光。在视图中，它的投射点和目标点不可调节，只能对光源进行整体移动或旋转，从而保证照射范围不发生变化。对于动画场景中对灯光范围有固定要求的光源，自由平行光是一种非常好的选择。

6.1.4 泛光

泛光灯显示为正八面体图标，向四周发散光线，用于场景中的辅助照明，或模拟点光源。泛光灯的创建和调节非常方便，但是不能在场景中创建太多的泛光灯，否则光线会没有层次感。泛光灯的参数与大部分聚光灯的相似，增加了全面投影、衰减范围，可以实现照明灯光的衰减效果、投影效果等。对于照射范围来说，相同参数下，一盏泛光灯相当于6盏聚光灯所产生的照明效果。泛光灯一般用于模拟灯泡、台灯等光源，泛光灯的照射效果及放射形状如图6-14所示。

6.1.5 天光

天光能够模拟日照效果、建立日光模型、设置天空颜色或将其指定为贴图。3ds Max 2022中有几种模拟日照效果的方法，结合使用"光线追踪"渲染方式，天光能达到最优的效果。在天光效果中，天空被模拟成一个圆形屋顶，覆盖在场景之上，如图6-15所示，用户可以指定天空的颜色或贴图。天光照射在三维物体上的效果如图6-16所示。在场景中添加天光，如果想要获得合理的光能传递，需要确保模型墙壁是封闭的，构建三维模型应像构建真实世界的结构一样。如果所构建模型的墙壁是通过单边相连的，或者地板和天花板均为简单的平面，则在添加天光后，这些边沿处会产生"漏光"现象。

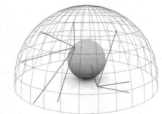

图6-15

图6-16

6.2 灯光参数

在3ds Max 2022中，无论是"标准"灯光系统还是"光度学"灯光系统，其中灯光的大部分参数的含义都是相似的，包括"常规参数""强度/颜色/衰减""高级效果""阴影参数""光线跟踪阴影参数"等卷展栏。

6.2.1 课堂案例：制作室内夜景灯光

场景位置　场景文件>CH06>02.max
实例位置　实例文件>CH06>6.2.1 课堂案例：制作室内夜景灯光.max
学习目标　学习如何调整标准灯光参数

室内夜景灯光的案例效果如图6-17所示。

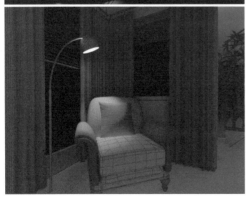

图6-17

操作步骤

01 打开本书配套资源中的"场景文件>CH06>02.max"文件，场景中为默认照明方式，如图6-18上所示，渲染后场景中无灯光，只有窗外的背景材质光源，渲染效果如图6-18下所示。

图6-18

02 单击"标准"中的"目标聚光灯"按钮，如图6-19所示。在场景中创建一盏目标聚光灯，在顶视图和前视图中调整灯光位置，如图6-20所示。

图6-19

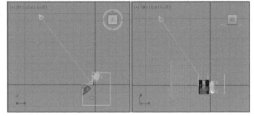

图6-20

03 夜景灯光主要包含两部分：一是冷色调的环境光，二是暖色调的人工场景灯光。展开刚创建的目标聚光灯的"强度/颜色/衰减"卷展栏，调整"灯光颜色"为浅蓝色（红：163，绿：

185，蓝：255），模拟夜间天空漫反射的颜色，如图 6-21 所示。在调整夜间环境光的时候需注意，

夜景灯光的颜色比日景
的冷，偏蓝色，并且颜
色的饱和度高，有利于形
成夜景的冷暖对比。

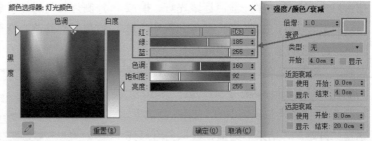

图 6-21

04 展开"聚光灯参数"卷展栏，调整"聚光区 / 光束"的值，使浅蓝色线框包裹场景中的"房间"对象，
调整"衰减区 / 区域"的值，直至深蓝色线框包裹整个场景，如图 6-22 和图 6-23 所示。此步骤
中的参数值可以根据场景实际情况灵活调整，渲
染场景后的效果如图 6-24 所示

图 6-22

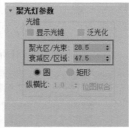

图 6-23

图 6-24

05 单击"标准"中的"泛光"按钮，在场景中台
灯的位置创建一盏泛光灯，在顶视图和前视图中
调整灯光位置，如图 6-25 所示。

06 展开刚创建的泛光灯的"强度 / 颜色 / 衰减"
卷展栏，调整"倍增"为 60，设置"灯光颜色"
为浅橘色（红：255，绿：230，蓝：198），取
消勾选"近距衰减"选项组中的"使用"复选框，
勾选"远距衰减"选项组中的"使用"复选框，将"开
始"设为 10cm，将"结束"设为 30cm，从而模
拟台灯灯光的衰减效果，
如图 6-26 所示。

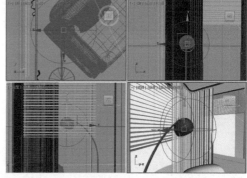

图 6-25

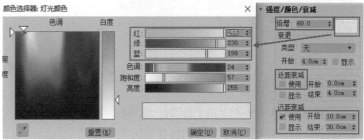

图 6-26

07 单击"标准"中的"目标聚光灯"按钮，在台灯内部位置创建一盏目标聚光灯，模拟台灯的照射光束，在顶、前、透视视图中将其调整到合适的位置。展开"强度/颜色/衰减"卷展栏，调整"倍增"为20，设置"灯光颜色"为橘色（红：255，绿：230，蓝：198），勾选"远距衰减"选项组中的"使用"复选框，调整"开始""结束"的值，模拟台灯灯光的衰减效果；展开"聚光灯参数"卷展栏，调整"聚光区/光束"的值，使浅蓝色线框包裹场景中的"沙发"对象，调整"衰减区/区域"的值至合适的范围，如图6-27和图6-28所示。

图6-27

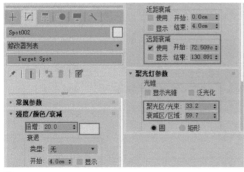
图6-28

6.2.2 常规参数

"常规参数"卷展栏专用于标准灯光，可以控制灯光的开启与关闭，排除或包含场景中

的对象。在"修改"面板中，还可以修改用于控制灯光的目标对象、改变灯光类型，例如把聚光灯修改为泛光灯。"常规参数"卷展栏如图6-29所示。

图6-29

6.2.3 强度/颜色/衰减

"强度/颜色/衰减"卷展栏用于设置灯光的颜色、强度及灯光的衰减，如图6-30所示。衰减示意图如图6-31所示。

图6-30

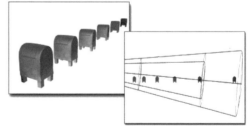
图6-31

6.2.4 聚光灯参数、平行光参数

创建聚光灯对象后，会出现"聚光灯参数"卷展栏，用于调整光锥的"聚光区/光束""衰减区/区域"的值，并进行其他设置，

如图6-32所示。创建平行光对象后，会出现"平行光参数"卷展栏，如图6-33所示。

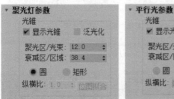

图 6-32　　　　　图 6-33

6.2.5 高级效果

"高级效果"卷展栏用于进行影响灯光、曲面的相关设置，包含许多微调和投影灯的设置。通过选择要投射灯光的贴图，使灯光对象成为一个"投影仪"，投影的贴图可以是静止的图像，也可以是动画。投影效果和"高级效果"卷展栏如图6-34和图6-35所示。

图 6-34

图 6-35

6.2.6 阴影参数

3ds Max 2022中的所有灯光（除了"天

光""IES天光"）和所有阴影都具有"阴影参数"卷展栏，主要用于设置阴影颜色和其他常规阴影属性。阴影效果与"阴影参数"卷展栏如图6-36和图6-37所示。

图 6-36

图 6-37

6.2.7 光线跟踪阴影参数

选择光线跟踪作为灯光的阴影生成技术时，会显示"光线跟踪阴影参数"卷展栏，如图6-38所示。通过跟踪从光源采样出来的光线路径所产生的阴影效果，比使用阴影贴图产生的阴影效果更精确、逼真。尤其是对于透明和半透明的对象，光线跟踪能够产生"硬边"效果的阴影，如图6-39所示。

图6-38

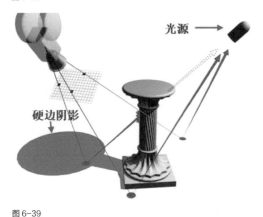
图6-39

6.3 3ds Max 2022 中的摄影机

摄影机是三维创作中必不可少的部分，无论是静态画面还是动态的图像，都需要借助摄影机来表达。3ds Max 2022中默认的摄影机包含标准摄影机和Arnold摄影机。标准摄影机包含物理、目标、自由3种类型，如图6-40所示。Arnold摄影机包含VR Camera、Fisheye、Spherical、Cylindrical4种类型，如图6-41所示。

图6-40　　　　图6-41

如果安装了V-Ray插件，摄影机列表中会增加一种VRay摄影机，VRay摄影机包含"VRay穹顶像机""VRay物理像机"2种类型，如图6-42所示。

图6-42

6.3.1 课堂案例：制作餐桌物体景深特效

场景位置　场景文件 >CH06> 餐桌物品 .max

实例位置　实例文件 >CH06>6.3.1 课堂案例：制作餐桌物体景深特效 .max

学习目标　学习如何使用目标摄影机制作景深特效

案例效果如图6-43所示。

图6-43

操作步骤

01 打开本书配套资源中的"场景文件 >CH06> 餐桌物品 .max"文件，如图6-44所示。

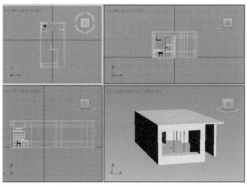
图6-44

02 单击"标准"摄影机对象类型的"目标"按钮，如图6-45所示。在上视图中创建一台目标摄影机，在前视图中调整摄影机的位置，使摄影机对准玻璃杯，如图6-46所示。

图6-45

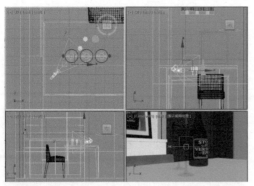

图 6-46

03 单击目标摄影机，在"参数"卷展栏中设置"镜头"为105mm、"视野"为19.455度，如图6-47和图6-48所示。

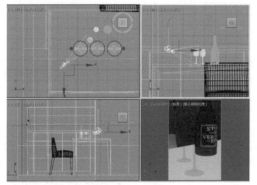

图 6-47

图 6-48

04 在透视视图中按快捷键C切换为摄影机视图，如图6-49左所示，按快捷键F9渲染当前场景，效果如图6-49右所示。

图 6-49

💡 技巧与提示

从图 6-49 中可以看到，虽然创建了目标摄影机，但是并没有产生景深效果，因为还没有在渲染中开启景深。

05 按快捷键 F10 打开"渲染设置"窗口，选择"渲染器"为 V-Ray 5,update 1.2，单击 V-Ray 选项卡，展开"相机"卷展栏，勾选"景深""从相机上获取对焦"复选框，如图 6-50 所示。

图 6-50

💡 技巧与提示

勾选"从相机上获取对焦"复选框后，摄影机焦点位置的物体在画面中是最清晰的，而距离焦点越远的物体越模糊。此时，可根据需求调整摄影机的目标点位置，从而获得不同的效果。图6-51所示为将目标点定位在酒瓶上获得的渲染效果。

图 6-51

6.3.2 物理摄影机

物理摄影机将场景的帧设置、曝光控制和其他效果集成在一起，是基于物理的真实照片级渲染的最佳摄影机类型。其特点与VRay物理相机类似，单击"物理"按钮后，在视图中拖曳鼠标可以创建一台物理摄影机，如图6-52所示，可以观察到物理摄影机同样包含摄影机和目标点两个部件。

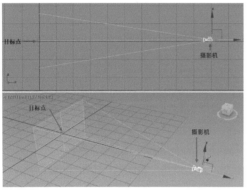

图6-52

物理摄影机包含8个卷展栏，如图6-53所示。

图6-53

下面介绍"基本""物理摄影机""曝光""透视控制"4个常用卷展栏。

◆ 1. 基本

"基本"卷展栏如图6-54所示，用于设置摄影机的目标距离、视口显示的形状。

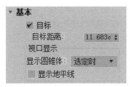

图6-54

◆ 2. 物理摄影机

"物理摄影机"卷展栏如图6-55所示，用于设置摄影机参数，例如焦距、光圈、快门、偏移等。

图6-55

◆ 3. 曝光

"曝光"卷展栏用于设置摄影机的曝光参数，如曝光增益、白平衡、温度等，如图6-56所示。

图6-56

◆ 4. 透视控制

"透视控制"卷展栏如图6-57所示，用于设置镜头移动的水平、垂直比例和倾斜校正的水平、垂直角度。

图6-57

6.3.3 目标摄影机

在创建目标摄影机时可查看放置的目标图标周围的区域，目标摄影机相比自由摄影机更容易定向，因为只需将目标对象定位在所需位置的中心即可。单击"目标"按钮后，在场景中拖曳鼠标即可创建一台目标摄影机。目标摄影机包含目标点和摄影机两个部件，如图6-58所示。

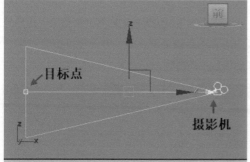

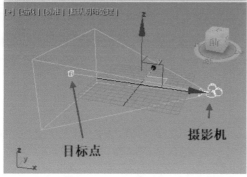

图6-58

目标摄影机包含"参数""景深参数"两个卷展栏，如图6-59所示。

图6-59

◆ 1. 参数

"参数"卷展栏如图6-60所示，用于调整镜头焦距、视野角度，以及选择哪一型号的备用镜头等，还可以对摄影机的拍摄范围进行设置。

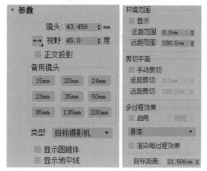

图6-60

◆ 2. 景深参数

摄影机可以产生景深的多过程效果，根据摄影机与其角点的距离产生模糊效果，从而模拟现实摄影机的景深效果，如图6-61所示，聚焦在目标点中间距离处的对象清晰，远距离或近距离对象变得模糊。"景深参数"卷展栏如图6-62所示，用于对焦点深度、采样、过程混合及扫描线渲染器参数等进行设置。

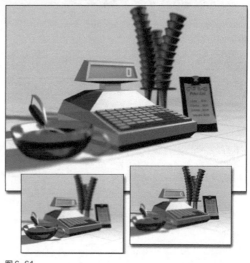

图6-61

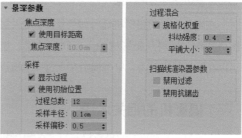

图6-62

◆ 3. 运动模糊参数

运动模糊一般运用在动画中，常用于表现运动对象高速运动时产生的模糊效果，模拟现实摄影机的工作方式，增强动画的真实感，如图6-63所示。当设置"参数"卷展栏中的"多过程效果"为"运动模糊"时，将显示"运动模糊参数"卷展栏，如图6-64所示。

图 6-63

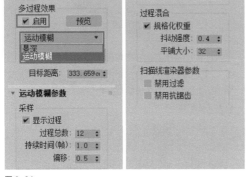

图 6-64

6.3.4 摄影机视图

在场景中创建摄影机后，按快捷键C进入摄影机视图，即可从摄影机的角度观察效果，也可以在激活的视图中，单击视图左上角当前视点

"［透视］"（也可以是"［顶］""［前］"等）后选择摄影机视图。在单击当前视点标签时，会出现"显示安全框"命令，如图6-65所示，表示安全框边界内的内容会被渲染，边界外的内容不会被渲染，为了方便观察渲染效果，建议启用该功能。

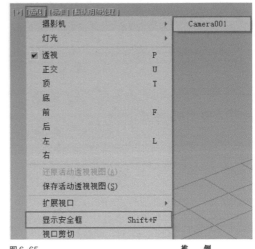

图 6-65

当前视图切换为摄影机视图时，工作界面右下角的视图控制区切换为摄影机视图模式，如图6-66所示，使用这些按钮能方便地调整摄影机视图。

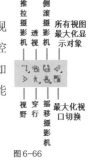

图 6-66

6.4 摄影机的相关术语

3ds Max 2022中的摄影机与真实的摄影机在术语方面有很多都是相通的，如镜头、焦距、曝光、白平衡等。在摄影机视图中，摄影机仅仅表现为一个图标，用于显示位置与方向，在视图中不能实时显示摄影机中的画面效果，只能通过生成动画序列文件或者以渲染的形式表现。

6.4.1 焦距与视野

镜头与被拍摄物体感光表面之间的距离称为镜头焦距。焦距影响画面中包含的对象的数量，焦距越短，画面中包含的场景范围越大；焦距越长，画面中包含的场景范围越小，但是能更清晰地表现远距离场景中物体的细节。焦距以毫米（mm）为单位，通常系统默认50mm镜头为摄影机的标准镜头，低于50mm的镜头视为广角镜头，高于50mm的镜头视为长焦镜头。50mm的标准镜头最接近人眼观看到的图像，渲染出来的图像效果比较正常。镜头和灯光敏感性曲面（不管是电影还是视频电子系统）间的距离，都被称为镜头的焦距。

视野（Field of View，FOV）用于控制场景可见范围的大小，单位为"地平角度"，该参数与镜头的焦距有关。视野通过水平线度数进行测量，与镜头的焦距直接相关。例如，50mm的镜头显示水平线为46°。镜头焦距越长，视野越窄；镜头焦距越短，视野越宽。焦距决定了场景透视的强弱。透视强时，画面中展示的内容更丰富；透视弱时，画面中展示的内容更少，主体更明确。

焦距与视野的关系及拍摄效果如图6-67和图6-68所示。

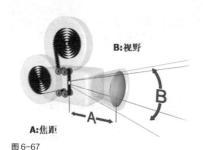

图6-67

图6-68

6.4.2 曝光控制

曝光直接影响画面的质量。当曝光不足时，画面会显得非常暗，细节得不到体现；当曝光过度时，画面会显得过亮，细节也无法得到显示。所以，恰当的曝光设置才能提升画面的质量。快门速度、光圈和感光度（ISO）的设

置是最常见的。

快门是摄影机中的一个机械装置，大多设置于机身接近底片的位置（大型摄影机的快门设计在镜头中）。摄影机快门设置为各种速度，每一种速度对应一个胶片的曝光时间长度。快门通常为逐步打开的、类似百叶窗的组件，如果叶片缓慢移动，狭缝打开较大，就会有更多的光进入，适用于暗环境或运动不多的环境。快门的速度设置得过低时，如飞驰而过的汽车等快速移动的对象会变得模糊。如果叶片快速移动，狭缝开得较小，进入镜头的光会变少。这对于快速移动的动作或有太阳、雪和沙的明亮环境非常适用。

光圈通常位于镜头的中央，它是一个环形，可以控制圆孔的开口大小，控制曝光时的亮度。当需要大量的光线进行曝光时，就需要放大光圈的圆孔；若只需要少量光线来曝光，则需要缩小圆孔，让少量的光线进入。光圈由装设在镜头内的叶片控制，而叶片是可动的。光圈越大，镜头里的叶片开放得越大，所谓"最大光圈"就是叶片毫无动作，让可通过镜头的光线全部进入的全开光圈；反之光圈越小，叶片就收缩得越厉害，最后可缩小到只剩小小的一个圆点。光圈如同人类眼睛的虹膜，它用于控制拍摄时单位时间的进光量。镜头光圈的大小可以用f1.8、f2.8、f16这样的形式来表示。f值越小，镜头的光圈越大。例如，将某镜头光圈值分别设置为f1.8、f5.6、f11时，光圈如图6-69所示。

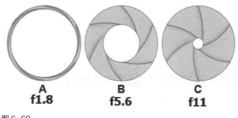

A
f1.8

B
f5.6

C
f11

图6-69

在3ds Max 2022中，光圈、快门、感光度参数在"物理摄影机"卷展栏中，但是这些参数只能调节曝光程度，不能制作景深、运动模糊和胶片颗粒等效果。若要制作这些效果，需要加载某些插件，如V-Ray，其中提供了VRay物理相机，可以直接利用光圈、快门速度及感光度制作景深、运动模糊等效果，其操作方式与真实的摄影机相似，如图6-70所示，将"渲染器"设置为V-Ray 5, update 1.2时，在V-Ray选项卡的"相机"卷展栏中可以对相关参数进行调整。

图 6-70

6.5 课后习题

本节准备了两个课后习题，读者可参考教学视频完成练习。

6.5.1 课后习题：制作卧室的灯光

场景位置　场景文件 >CH06> 卧室 .max
实例位置　实例文件 >CH06>6.5.1 课后习题：制作卧室的灯光 .max
学习目标　练习使用 VRay 灯光进行场景布光

场景如图6-71上所示，添加VRay灯光后，参考效果如图6-71下所示。

图 6-71

6.5.2 课后习题：制作运动模糊特效

场景位置　场景文件 >CH06>03.max
实例位置　实例文件 >CH06>6.5.2 课后习题：制作运动模糊特效 .max
学习目标　练习使用目标摄影机制作运动模糊特效

参考效果如图6-72所示。

图 6-72

第 7 章

环境和效果

本章导读

在 3ds Max 2022 中，可将环境理解为各种背景、雾气效果、体积光和火焰等，这些一般需要搭配一些命令来制作。例如，背景的制作需要搭配材质编辑器，体积光的制作需要搭配灯光，火焰的制作需要搭配大气装置。3ds Max 2022 中的效果通常指几种特殊效果（如胶片颗粒、景深和镜头模拟），可以作为渲染效果使用。

学习目标

- 掌握环境系统的应用。
- 掌握效果系统的应用。

7.1 环境

在现实世界中，物体周围都存在相应的环境。常见的环境有闪电、大风、沙尘、雾、光束等，如图7-1到图7-3所示。在3ds Max 2022中，环境编辑器可用于制作背景和大气效果。例如，使用贴图或材质球制作静态的单色背景，使用"渐变"制作渐变背景，使用"烟雾"制作蓝天白云背景，使用大气外挂模块模拟火焰、雾气和光束等。

图7-1

图7-2

图7-3

7.1.1 课堂案例：添加环境与光

场景位置 场景文件 >CH07> 环境 .max
实例位置 实例文件 >CH07>7.1.1 课堂案例：添加环境与光 .max
学习目标 学习如何为场景添加环境贴图与体积光

案例效果如图7-4所示。

图7-4

操作步骤

01 打开本书配套资源中的"场景文件 >CH07> 环境 .max"文件，如图 7-5 所示。

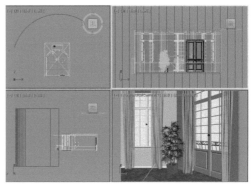

图7-5

02 按快捷键 8 打开"环境和效果"窗口,单击"环境贴图"下的"无"按钮,在弹出的"材质 / 贴图浏览器"对话框中选择"位图"选项,在弹出的"选择位图图像文件"对话框中选择本书配套资源中的"材质 > 环境 .jpg"文件作为环境贴图,如图 7-6 所示。

图 7-6

💡 技巧与提示

默认情况下,背景颜色为黑色,也就是说渲染出来的背景是黑色的。更改背景颜色后,渲染出来的背景颜色会跟着改变。更改环境贴图后,渲染出的背景就变成了选择的图片。

03 按快捷键 C 切换到摄影机视图,按快捷键 F9 渲染当前场景,效果如图 7-7 所示。此时,透明的玻璃上就出现了环境贴图的图像。

图 7-7

04 单击"创建"面板中的"灯光"选项卡,单击"VRay"中的"VRay 太阳光"按钮,如图 7-8 所示。在场景中创建灯光,模拟太阳照射效果。

05 分别在顶视图和左视图中调整灯光的位置,模拟太阳光从阳

图 7-8

台、窗户照射进房间的效果,如图 7-9 所示。

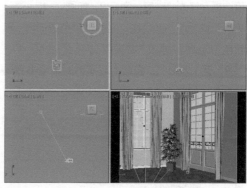

图 7-9

06 展开 VRay 太阳光的"太阳参数"卷展栏,修改"强度倍增""大小倍增"为 0.02,单击"过滤颜色"颜色块,打开"颜色选择器:_过滤颜色"对话框,修改"过滤颜色"为(红:254,绿:246,蓝:238),如图 7-10 所示。

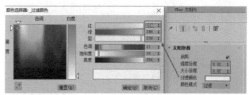

图 7-10

07 按快捷键 8 打开"环境和效果"窗口。展开"大气"卷展栏,单击"添加"按钮,打开"添加大气效果"对话框,为环境添加"体积光",单击"确定"按钮;展开"体积光参数"卷展栏,单击"拾取灯光"按钮,拾取场景中第 4 步添加的"VRay 太阳光"作为体积光源,如图 7-11 所示。

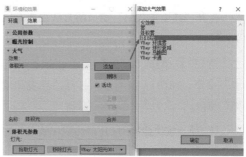

图 7-11

08 展开"体积光参数"卷展栏，勾选"指数"复选框，修改"密度"为3.8，如图7-12所示。单击"雾颜色"颜色块，打开"颜色选择器：雾颜色"对话框，修改"雾颜色"为（红：246，绿：229，蓝：200），模拟太阳照射时环境中雾气的颜色，如图7-13所示，完成环境光的添加。

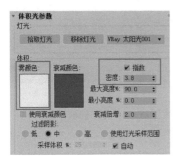

图7-12

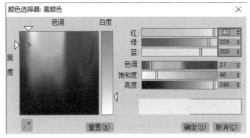

图7-13

7.1.2 背景与全局照明

优秀的作品不仅需要有精细的模型、逼真的材质，还应具备符合当前场景的背景和全局照明效果，这样才能烘托出场景的氛围。在3ds Max 2022中，关于背景与全局照明的设置在"环境和效果"窗口中。

打开"环境和效果"窗口的方法主要有以下两种。

第1种：单击"渲染"菜单，执行"环境"命令，如图7-14所示，打开"环境和效果"窗口。

第2种：按快捷键8打开"环境和效果"窗口，如图7-15所示。

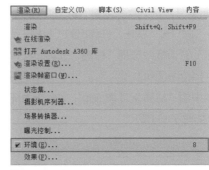

图7-14

图7-15

7.1.3 曝光控制

"曝光控制"卷展栏用于调整渲染的输出级别和颜色范围，类似于摄影或摄像中的曝光处理。3ds Max 2022提供了5种类型的曝光控制（如果安装了V-Ray渲染器，还有VRay曝光控制），展开"曝光控制"卷展栏，如图7-16所示。

图7-16

◆ 1. 对数曝光控制

将曝光物理值映射为RGB值，使用"亮度""对比度""中间色调""物理比例"对曝光进行控制。对数曝光控制比较适合动态范围大的场景。在"曝光控制"卷展栏中设置曝光控制类型为"对数曝光控制"，其参数卷展栏如图7-17所示。

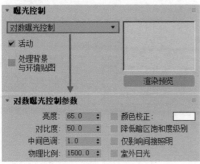

图 7-17

◆ 2. 伪彩色曝光控制

伪彩色曝光控制是一个照明分析工具，用于显示和计算场景中的照明级别。它将亮度或照度值转换成伪彩色，从最暗到最亮，依次显示蓝色、青色、绿色、黄色、橙色和红色。在"曝光控制"卷展栏中设置曝光控制类型为"伪彩色曝光控制"，其参数卷展栏如图7-18所示。

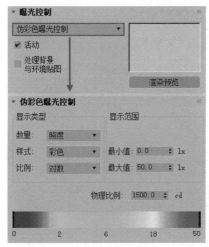

图 7-18

◆ 3. 物理摄影机曝光控制

物理摄影机曝光控制通过"曝光值""白平衡""颜色""响应曲线"等参数来调整物理摄影机的曝光。在"曝光控制"卷展栏中设置曝光控制类型为"物理摄影机曝光控制"，

其参数卷展栏如图7-19所示。

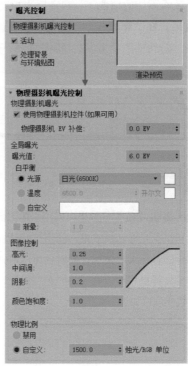

图 7-19

◆ 4. 线性曝光控制

线性曝光控制可从渲染图像中采样，在不改变灯光属性的情况下调整场景中的亮度、对比度，适用于夜晚场景，增加光源附近与远处光的亮度对比，也适用于动态范围很小的场景，其参数卷展栏如图7-20所示。

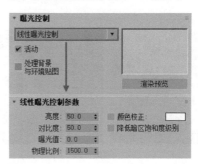

图 7-20

◆ 5. 自动曝光控制

自动曝光控制可在渲染整个动态场景范围

时提供良好的颜色分离，利于后期进行颜色处理。在照明效果不好导致看不清的情况下，自动曝光控制可以加强某些照明效果。在"曝光控制"卷展栏中设置曝光控制类型为"自动曝光控制"，其参数卷展栏如图7-21所示。

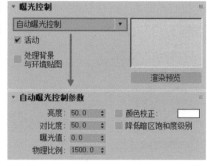

图7-21

7.1.4 大气

3ds Max 2022中的大气效果可以用来模拟自然界中的云、雾、火和体积光等环境效果。使用这些环境效果可以模拟出自然界的各种天气情况，同时还可以增强场景的景深感，使场景显得更广阔，有时还能起到烘托场景氛围的作用，其参数卷展栏如图7-22所示。

图7-22

◆1.火效果

使用火效果可以生成动态的火焰、烟雾和爆炸效果，例如篝火、火炬、火球、烟云和星云，如图7-23和图7-24所示。火效果不产生任何照明效果，若要模拟发光效果，需要添加灯光，其参数卷展栏如图7-25所示，在其中可设置火效果的颜色、图形、特性、动态和爆炸参数。

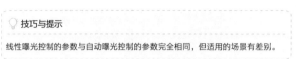

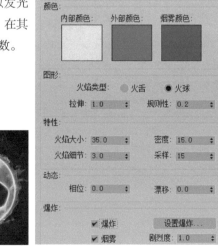

图7-23   图7-24   图7-25

◆2.雾

使用雾可以生成雾或烟的效果。雾可以模拟对象与摄影机之间因距离变化而产生的衰减效果，或提供分层雾效果，使所有对象或部分对象被雾笼罩。使用3ds Max 2022的大气效果中的雾可以模拟出雾、烟和蒸汽等环境效果，如图7-26和图7-27所示。

雾效果的类型分为标准、分层两种，其参数卷展栏如图7-28所示，用于对雾的颜色、类型进行调整。当设置雾的类型为"分层"时，属于"标准"类型的参数变为灰色不可用。

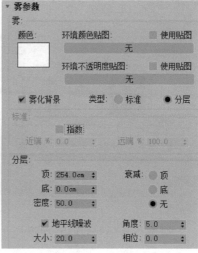

图 7-26

图 7-27

图 7-28

◆ 3. 体积雾

体积雾的密度在三维空间中不恒定，呈现成块飘荡效果，有的地方厚重，有的地方较薄。体积雾和雾最大的区别在于体积雾是三维的雾，具备体积，呈现出块状，有厚薄之分；而雾是充满场景，呈现片状。体积雾多用来模拟烟、云等有体积的气体，一般结合大气装置一起使用。体积雾包裹场景的效果和其参数卷展栏如图7-29和图7-30所示。

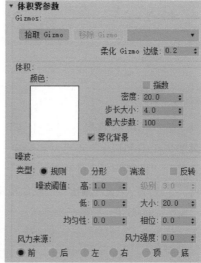

◆ 4. 体积光

图 7-29

图 7-30

体积光与大气效果（雾、烟雾等）相互作用可以产生照明效果，可以用来制作带有光束的光线。这种体积光可以被物体遮挡，从而形成光线透过缝隙的效果，常用来模拟透过窗户的光束，如图7-31和图7-32所示。其参数卷展栏如图7-33所示，用于设置雾的颜色、衰减、噪波、类型，以及模拟风力来源等。

图 7-31

图 7-32

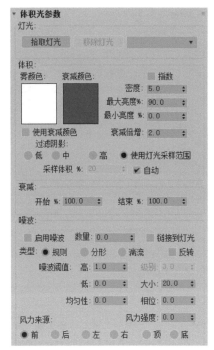

图 7-33

7.2 效果

在"环境和效果"窗口中可以为场景添加"Hair和Fur"（毛发和毛皮）"镜头效果""模糊""亮度和对比度""色彩平衡""景深""文件输出""胶片颗粒""运动模糊"9种效果，如图7-34所示。

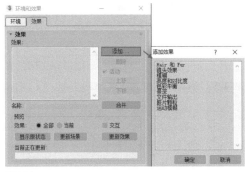

图 7-34

7.2.1 课堂案例：制作镜头特效

场景位置	场景文件 >CH07> 壁灯 .max
实例位置	实例文件 >CH07>7.2.1 课堂案例：制作镜头特效 .max
学习目标	学习"镜头效果"的用法

未添加"镜头效果"的效果如图7-35上所示，添加"镜头效果"后的效果如图7-35下所示。

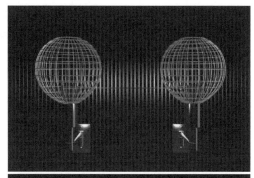

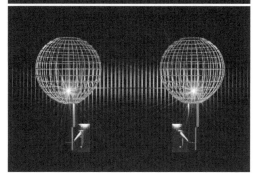

图 7-35

操作步骤

01 打开本书配套资源中的"场景文件 >CH07>壁灯 .max"文件，如图 7-36 所示。

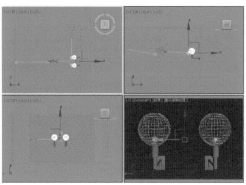

图 7-36

02 按快捷键 8 打开"环境和效果"窗口，在"效果"选项卡中单击"添加"按钮，在弹出的"添加效果"对话框中选择"镜头效果"选项，单击"确定"按钮，如图 7-37 所示。

03 选择"效果"列表框中的"镜头效果"选项，在"镜头效果参数"卷展栏的左侧列表框中选择"光晕"选项，单击"右移"按钮 将其加载到右侧的列表框中，如图 7-38 所示。

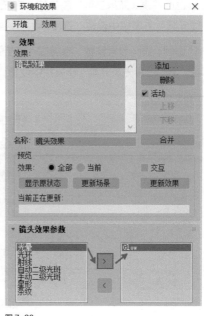

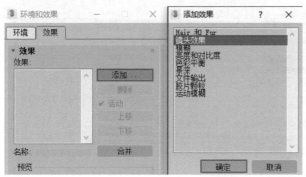

图 7-37

图 7-38

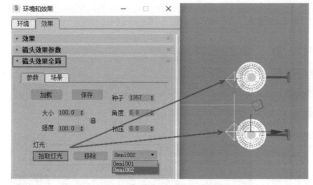

图 7-39

04 展开"镜头效果全局"卷展栏，单击"拾取灯光"按钮，在视图中拾取两盏泛光灯，如图 7-39 所示。

05 展开"光晕元素"卷展栏，在"参数"选项卡中设置"强度"为 60，在"径向颜色"选项组中设置"边缘颜色"为（红：255，绿：153，蓝：20），具体参数设置如图 7-40 所示。

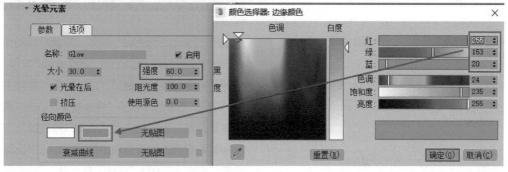

图 7-40

06 返回"镜头效果参数"卷展栏，将左侧列表框中的"条纹"效果加载到右侧的列表框中，在"条纹元素"卷展栏中设置"强度"为 25，如图 7-41 所示。此步骤的目的是制作条纹形状的光束。

07 返回"镜头效果参数"卷展栏，将左侧列表框中的"射线"效果加载到右侧的列表框中，在"射线元素"卷展栏中设置"强度"为5，如图 7-42 所示。

08 返回"镜头效果参数"卷展栏，将左侧列表框中的"手动二级光斑"效果加载到右侧的列表框中，在"手动二级光斑元素"卷展栏中设置"强度"为30，如图 7-43 所示。按快捷键F9渲染当前场景，完成制作。

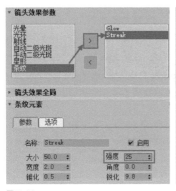

图 7-41

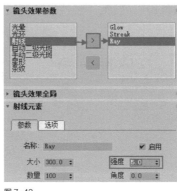

图 7-42

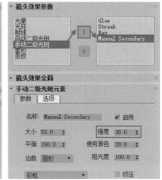

图 7-43

💡 技巧与提示

前面 8 个步骤制作的是各种镜头特效的叠加，下面介绍制作单个特效的方法。

09 将前面制作好的场景文件保存，重新打开"壁灯.max"文件，下面制作"射线"特效。打开"环境和效果"窗口，在"效果"选项卡的"效果"卷展栏中添加"镜头效果"。在"镜头效果参数"卷展栏中将"射线"效果加载到右侧的列表框中，在"射线元素"卷展栏中设置"强度"为60，详细参数设置如图 7-44 所示。按快捷键F9渲染当前场景，效果如图 7-45 所示。

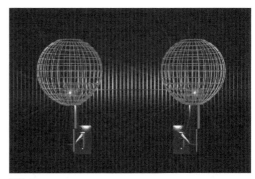

图 7-45

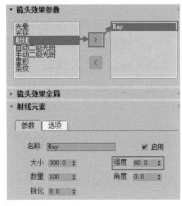

图 7-44

10 制作"手动二级光斑"特效。将第9步制作好的场景文件保存，重新打开"壁灯.max"文件。打开"环境和效果"窗口，在"效果"选项卡的"效果"卷展栏中添加"镜头效果"。在"镜头效果参数"卷展栏中将"手动二级光斑"效果加载到右侧的列表框中，在"手动二级光斑元素"卷展栏中设置"强度"为400、"大小"为30、"平面"为100、"边数"为"六"，详细参数设置如图 7-46 所示。按快捷键F9渲染当前场景，效果如图 7-47 所示。

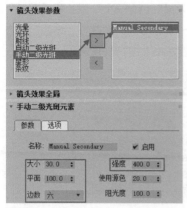

图 7-46

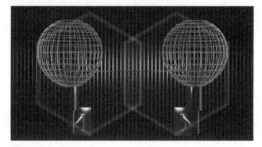

图 7-47

⓫ 制作"条纹"特效。将第 10 步制作好的场景文件保存，重新打开"壁灯 .max"文件。打开"环境和效果"窗口，在"效果"选项卡的"效果"卷展栏中添加"镜头效果"。在"镜头效果参数"卷展栏中将"条纹"效果加载到右侧的列表框中，在"条纹元素"卷展栏中设置"强度"为 300、"角度"为 45，详细参数设置如图 7-48 所示。按快捷键 F9 渲染当前场景，效果如图 7-49 所示。

图 7-48

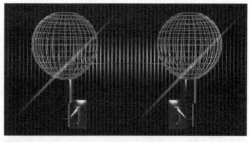

图 7-49

⓬ 制作"星形"特效。将第 11 步制作好的场景文件保存，重新打开"壁灯 .max"文件。打开"环境和效果"窗口，在"效果"选项卡的"效果"卷展栏中添加"镜头效果"。在"镜头效果参数"卷展栏中将"星形"效果加载到右侧的列表框中，在"星形元素"卷展栏中设置"大小"为 100、"宽度"为 2、"强度"为 300，详细参数设置如图 7-50 所示。按快捷键 F9 渲染当前场景，效果如图 7-51 所示。

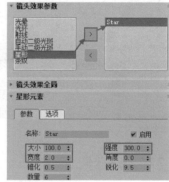

图 7-50

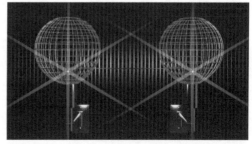

图 7-51

⓭ 制作"自动二级光斑"特效。将第 12 步制作好的场景文件保存，重新打开"壁灯 .max"文件。打开"环境和效果"窗口，在"效果"选项卡的"效果"卷展栏中添加"镜头效果"。在"镜头效果参数"卷展栏中将"自动二级光斑"效果加载到右侧的列表框中，在"自动二级光

斑元素"卷展栏中设置"最大值"为60、"强度"为300、"数量"为4,详细参数设置如图7-52所示。按快捷键F9渲染当前场景,效果如图7-53所示。

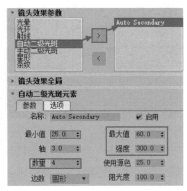

图7-52

图7-53

7.2.2 镜头效果

使用"镜头效果"可以模拟摄影机镜头所产生的光晕效果,包括"光晕""光环""射线""自动二级光斑""手动二级光斑""星形""条纹"等效果,如图7-54所示。

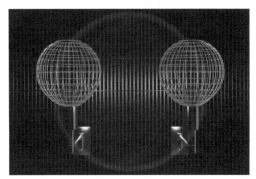

图7-54

💡 技巧与提示

使用"镜头效果"可以将效果应用于渲染图像,方法是从"镜头效果参数"卷展栏左侧的列表框中选择特定的效果,然后将效果添加到右侧的列表框中。在"镜头效果参数"卷展栏中选择镜头效果,单击"右移"按钮➡可以将所选效果加载到右侧的列表框中,以应用镜头效果;在右侧的列表框中选择效果,单击"左移"按钮⬅可以移除加载的镜头效果。

"镜头效果"包含一个"镜头效果全局"卷展栏,该卷展栏分为"参数""场景"两个选项卡,如图7-55和图7-56所示。

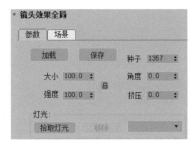

图7-55

图7-56

7.2.3 模糊

"模糊"效果根据"像素选择"选项卡中选择的对象,应用各个像素使整个图像变模糊、按亮度值使图像变模糊、使用贴图遮罩使图像变模糊。"模糊"效果通过渲染对象或摄影机移动产生的幻影,提高动画的真实感。其参数分为"模糊类型""像素选择"两大部分。"模糊类型"选项卡中包含"均匀型""方向型""径向型"3种模糊类型的相关设置,用于产生镜头模糊的特效,其参数卷展栏如图7-57所示。"像素选择"选项卡如图7-58所示,用于设置整个图像、非背景、亮度、贴图遮罩的加亮、混合、羽化半径等参数。

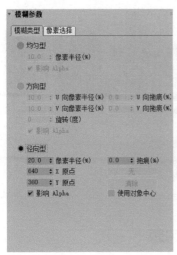

图 7-57

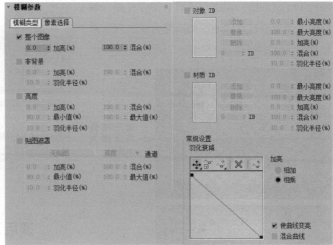

图 7-58

7.2.4 亮度和对比度

使用"亮度和对比度"效果可以调整图像的亮度和对比度,其效果和参数卷展栏如图7-59和图7-60所示。

← 渲染过暗

增加亮度和对比度后 →

图 7-59

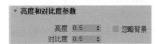

图 7-60

7.2.5 色彩平衡

使用"色彩平衡"效果可以通过调节"青—红""洋红—绿""黄—蓝"3个通道来改变场景或图像的色调,其效果和参数卷展栏如图7-61和图7-62所示。

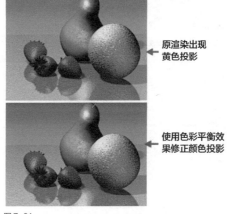

← 原渲染出现黄色投影

← 使用色彩平衡效果修正颜色投影

图 7-61

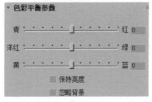

图 7-62

7.2.6 景深

"景深"效果用于模拟摄影机镜头下前景和背景的场景元素的自然模糊。"景深"效果的工作原理是,将场景沿z轴方向分为前景、背景和焦点图像,然后,根据在"景深参数"卷展栏中设置的值,使前景或背景图像模糊,最终的图像由经过处理的原始图像合成。其效果和参数卷展栏如图7-63和图7-64所示。

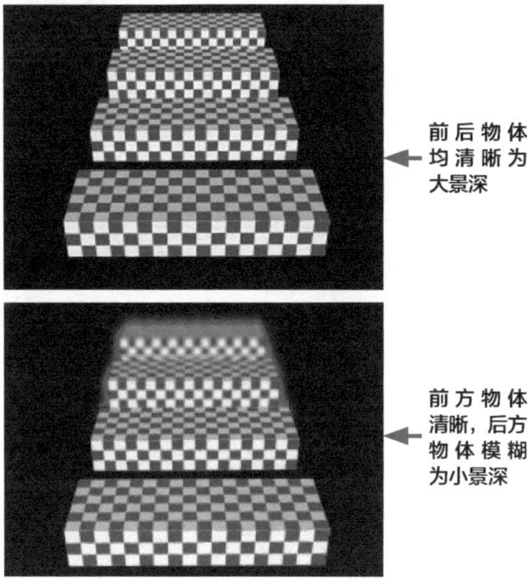

←前后物体均清晰为大景深

←前方物体清晰,后方物体模糊为小景深

图7-63

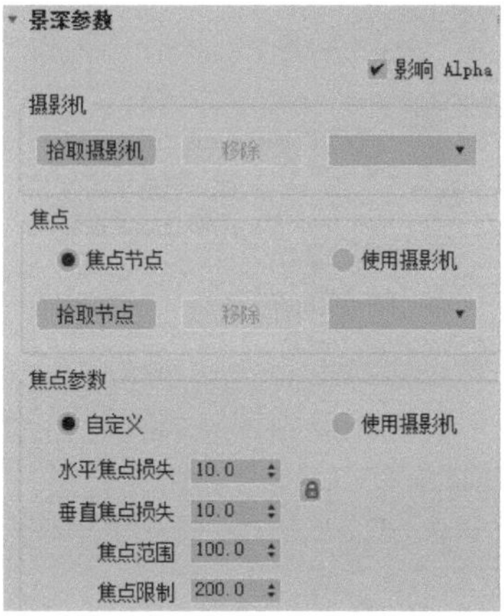

图7-65

图7-66

图7-64

7.2.7 胶片颗粒

"胶片颗粒"效果主要用于在渲染场景中重新创建胶片颗粒。将作为背景使用的源材质中(如AVI)的胶片颗粒与在 3ds Max 2022中创建的渲染场景匹配。应用"胶片颗粒"效果时,将自动随机创建移动帧的效果。其效果与参数卷展栏如图7-65和图7-66所示。

7.3 课后习题

本节提供两个课后习题,读者可参考本章的环境与效果的相关知识,根据教学视频完成练习。

7.3.1 课后习题:制作日落效果

场景位置　场景文件 >CH07> 日落环境 .max
实例位置　实例文件 >CH07>7.3.1 课后习题:制作日落效果 .max
学习目标　练习环境贴图与镜头特效的制作方法

参考效果如图7-67所示。

图7-67

7.3.2 课后习题:制作山间雾气效果

场景位置　场景文件 >CH07> 山间 .max
实例位置　实例文件 >CH07>7.3.2 课后习题:制作山间雾气效果 .max
学习目标　练习雾效果的制作

参考效果如图7-68所示。

图7-68

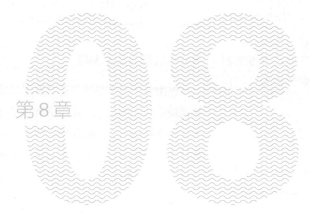

第8章

渲染

本章导读

3ds Max 视图中无法高质量地显示材质、灯光烘托下的三维图像效果，因为视图显示采用的是一种实时渲染显示技术，受硬件限制，它无法完美地实时显示反射、折射等光线追踪效果。所以在实际的工作中，我们需要通过渲染程序，把模型或者场景渲染输出为图像、视频或者电影胶片等文件。渲染技术依据指定的材质、灯光、背景及大气装置等的设置，将场景中的对象实体化显示出来，模拟摄影机拍摄的高清照片、视频、动画。渲染能够在多处理设备上多线程、多步骤地进行，还可以通过网络在多个系统上执行。

目前，业界最常用的是 Arnold 渲染器和 V-Ray 渲染器，本章将主要介绍这两款渲染器，并结合两个综合课堂案例来讲解灯光、材质和渲染参数的设置方法与技巧。

学习目标

- 掌握渲染基础知识。
- 掌握 Arnold 渲染器重要参数的含义及渲染参数的设置方法。
- 掌握 V-Ray 渲染器重要参数的含义及渲染参数的设置方法。
- 掌握效果图的制作思路及相关技巧。

8.1 渲染基础知识

使用3ds Max 2022创作作品时，通常遵循"建模→灯光→材质→渲染"这几个步骤，渲染是最后一道工序（后期处理除外）。渲染就是对场景进行着色的过程，它通过复杂的运算，将虚拟的三维场景投射到二维平面上，这个过程需要对渲染器进行详细设置才能得到满意的效果。

8.1.1 渲染器的类型

渲染场景的引擎有很多种，如Arnold、V-Ray、Renderman、Mental Ray、Brazil、FinalRender、Maxwell和Lightscape等。

3ds Max 2022内置了5种渲染器，包括Arnold、Quicksilver硬件渲染器、ART渲染器、扫描线渲染器、VUE文件渲染器，如图8-1所示。通常还会另外安装一款V-Ray渲染器，与3ds Max 2022匹配的是V-Ray 5及以上版本。在安装好V-Ray渲染器之后，就能使用V-Ray渲染器来渲染场景了。当然也可以安装一些其他的渲染插件，如Renderman、Brazil、FinalRender、Maxwell和Lightscape等。

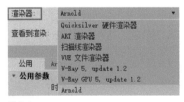

图8-1

8.1.2 渲染命令

在默认状态下，主工具栏的右侧提供了几个用于渲染的按钮，单击相应的按钮可以快速执行渲染命令，如图8-2所示。

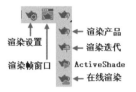

图8-2

8.1.3 渲染的基本参数

渲染基于三维场景创建二维图像或动画，从而使用设置的灯光、应用的材质及环境设置（如背景和大气）为场景的几何体着色。在默认状态下，渲染目标为"产品级渲染模式"，无预设，渲染器为Arnold，如图8-3所示。

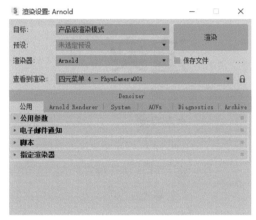

图8-3

◆1. 公用参数

无论选择的是哪种渲染器，"渲染设置"窗口中的"公用参数"卷展栏都包含要应用到任何渲染的控件。根据选择的渲染器不同，面板中会增加或减少一个或多个卷展栏，但"公用参数"卷展栏的功能是相似的，如图8-4和图8-5所示。"公用参数"卷展栏主要用于对时间输出、要渲染的区域、输出大小、场景对象、高级照明、渲染输出格式等进行设置。

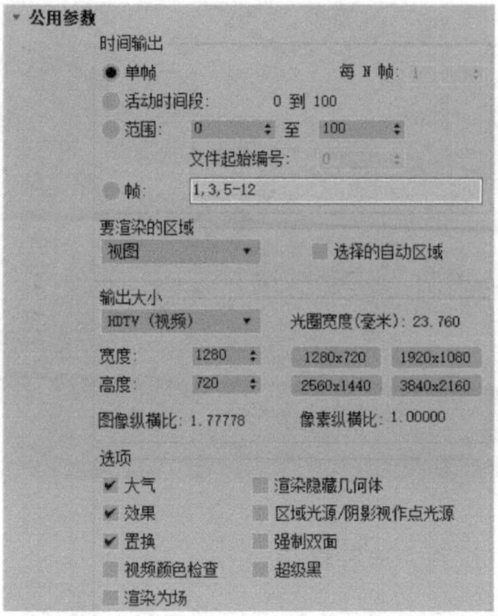

图 8-4

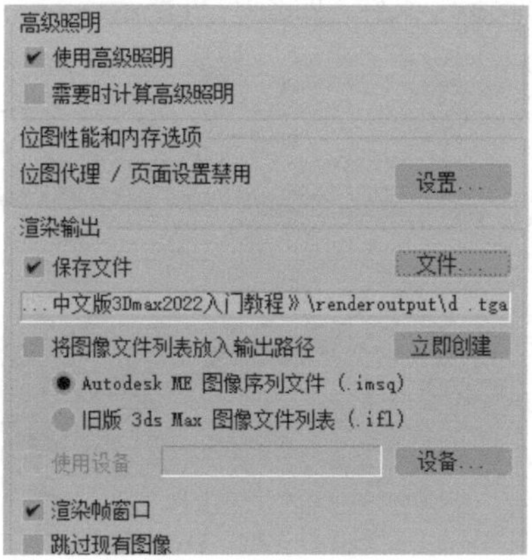

图 8-5

◆ 2. 指定渲染器

　　"指定渲染器"卷展栏中可以选择指定给产品级和ActiveShade的渲染器，对于每个渲染类别，该卷展栏都显示当前指定的渲染器名称。"产品级"下拉列表中包括Arnold、"ART渲染器"、"Quicksilver硬件渲染器"、"扫描线渲染器"和"VUE文件渲染器"等选项，单击"锁定到当前渲染器"按钮 🔒 可以锁定当前渲染器，如图8-6所示。

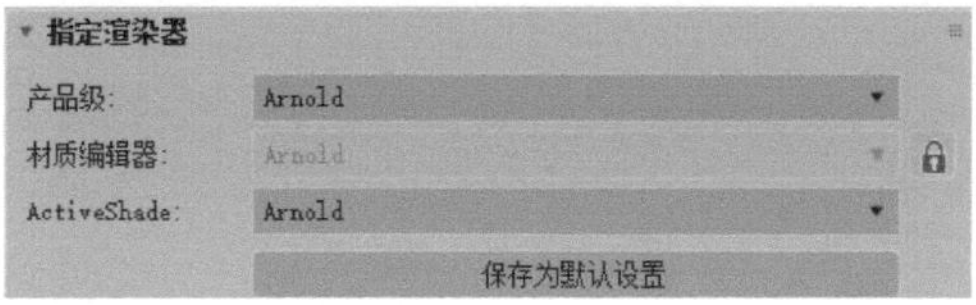

图 8-6

8.1.4 渲染帧窗口

　　渲染帧窗口是一个用于显示输出信息的窗口，在该窗口中可以完成选择渲染区域、切换通道和储存渲染图像等任务，如图8-7所示。

图 8-7

8.2　Arnold 渲染器

　　Arnold渲染器是主流渲染器之一，是基于物理算法的电影级别的渲染引擎，由Solid Angle SL公司开发，被许多好莱坞电影公司及工作室使用。它的接口清晰、稳定性好，具有良好的易用性，特别适合用于制作大型的电影特效，是一款高级的、跨平台的渲染插件。与传统用于CG动画的扫描线渲染器不同，Arnold渲染器是还原照片真实效果、基于物理的光线追踪渲染器，《地心引力》《复仇者联盟》等好莱坞大片中都有Arnold渲染器的参与。Arnold渲染器随着版本的更新，目前的5.0版本与3ds Max 2022匹配，其实时渲染和直接预览功能的体验更好，材质球和实用性节点的整合也更加合理、易于操作，具备许多预设功能，简化了工作流程。Arnold渲染器的示例渲染效果如图8-8所示。

图 8-8

8.2.1 课堂案例：制作机器人展馆

场景位置	场景文件 >CH08> 科技场景 .max
实例位置	实例文件 >CH08>8.2.1 课堂案例：制作机器人展馆 .max
学习目标	练习 Arnold 材质的制作、Arnold 灯光与渲染参数的设置

本案例展现了一个展览空间，金属材质、灯罩材质的制作，Arnold灯光布景和渲染参数的设置是重点内容，案例效果如图8-9所示。

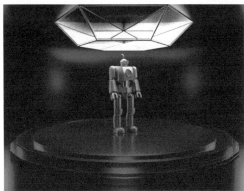

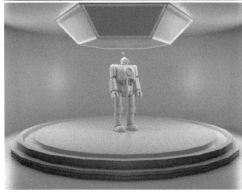

图 8-9

操作步骤

◆ 1. 制作材质

本案例的场景对象的材质主要包括机器人皮肤材质、金属舞台材质、背景材质、顶灯材质，如图8-10所示。下面重点讲解这4种材质的制作方法。

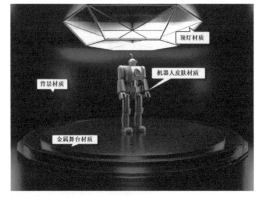

图 8-10

（1）制作机器人皮肤材质。

01 打开本书配套资源中的"场景文件 >CH08>科技场景 .max"文件，如图 8-11 所示。

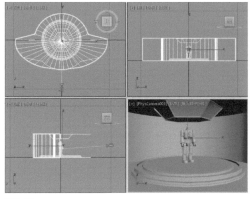

图 8-11

02 打开"材质编辑器"窗口，选择一个空白材质球，将其命名为"机器人皮肤"，设置材质类型为 Standard Surface，具体参数设置如图8-12所示，制作好的材质球效果如图8-13所示。

设置步骤

①在Base卷展栏中设置Base Color为0.5。

②在Specular卷展栏中设置Roughness为0.4，设置Advanced选项组中的Metalness为0.8、IOR为1.52。

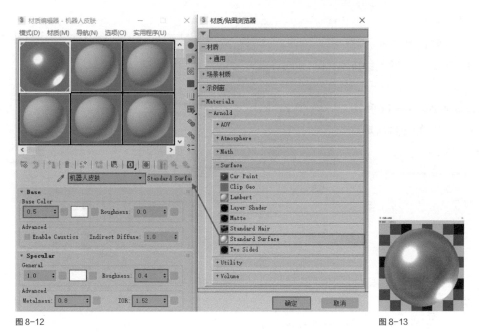

图 8-12

图 8-13

（2）制作金属舞台材质。

选择一个空白材质球，将其命名为"舞台金属"，设置材质类型为Standard Surface，具体参数设置如图8-14所示，制作好的材质球效果如图8-15所示。

设置步骤

①在Base卷展栏中设置Base Color色块为金属颜色（红：0.882，绿：0.51，蓝：0.376）。

②在Specular卷展栏中设置General色块为黑色、Roughness为0.25，设置Advanced选项组中的Metalness为1、IOR为1.52。

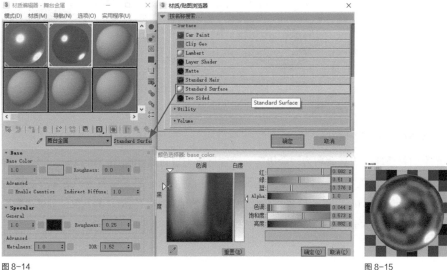

图 8-14

图 8-15

（3）制作背景材质

选择一个空白材质球，将其命名为"背景"，设置材质类型为Standard Surface，具体参数设置如图8-16和图8-17所示，制作好的材质球效果如图8-18所示。

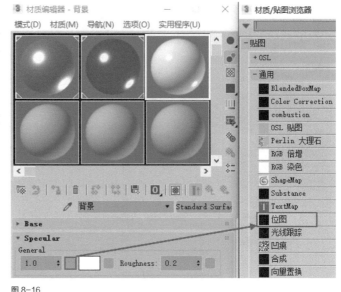

图8-16

设置步骤

①在Base卷展栏中单击"拾取贴图"按钮■，打开"材质/贴图浏览器"对话框，选择"位图"选项。

②在"漫反射"通道上加载一张本书配套资源中的"材质>8_jinshu.jpg"贴图作为反射贴图。

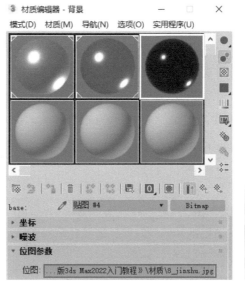

图8-17

图8-18

（4）制作顶灯材质。

选择一个空白材质球，将其命名为"金边"，设置材质类型为Standard Surface，制作灯罩的骨架材质，具体参数设置如图8-19所示。选择一个空白材质球，将其命名为"灯罩"，设置材质类型为Standard Surface，设置灯罩材质，便于在后续的环境中透出灯的光束，具体参数设置如图8-20和图8-21所示。制作好的灯罩骨架材质与灯罩材质球效果如图8-22所示。

设置步骤

①在Base卷展栏中设置Base Color为0.8，颜色为金黄色（红：1，绿：0.494，蓝：0）。

②在Specular卷展栏中设置General选项组中的Roughness为0.1，设置Advanced选项组中的Metalness为0.8、IOR为1.52。

③在Base卷展栏中设置Base Color为0.8。

④在Specular卷展栏中设置General为0.5、Roughness为0.05，设置Advanced选项组中的IOR为1.52。

⑤在Transmisson卷展栏中设置General为1、Depth为1。

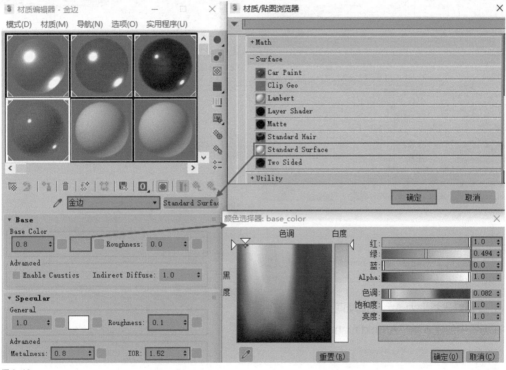

图8-19

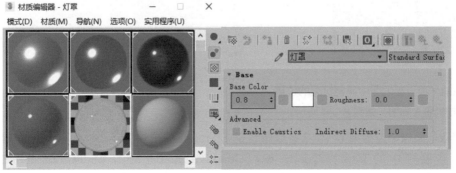

图8-20

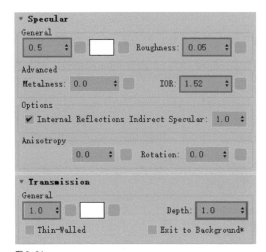

图 8-21

图 8-22

◆ 2. 设置灯光

本场景中创建了6盏Arnold灯光，用来模拟展馆周围的环境效果。

01 设置灯光类型为 Arnold，如图 8-23 所示，在场景中创建 6 盏"Arnold Light"灯光。

图 8-23

02 分别在前、顶、左视图中调整灯光的位置，使其环绕在机器人周围，如图 8-24 所示。

03 在"修改"面板中设置第 1、2、3 盏灯光的 Shape 卷展栏中的 Type 为 Quad，设置 Quad X、Quad Y 的值，使灯光范围覆

盖展馆的大小，Quad X 为 1000cm、Quad Y 为 1800cm；在 Color/Intensity 卷展栏中设置 Intensity 为 100、Exposure 为 8，如图 8-25 和图 8-26 所示。

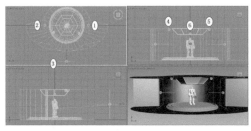

图 8-24

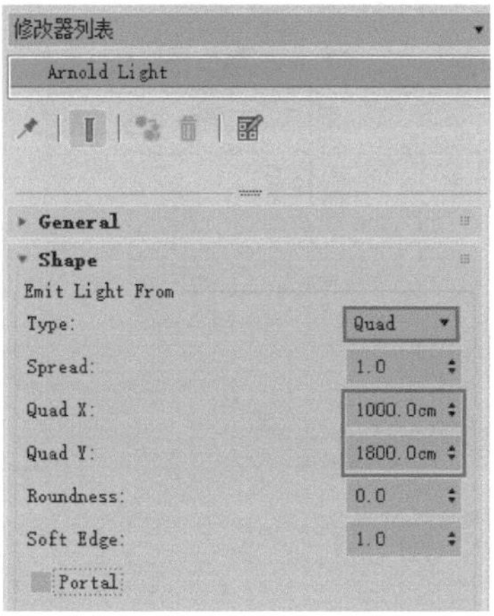

图 8-25

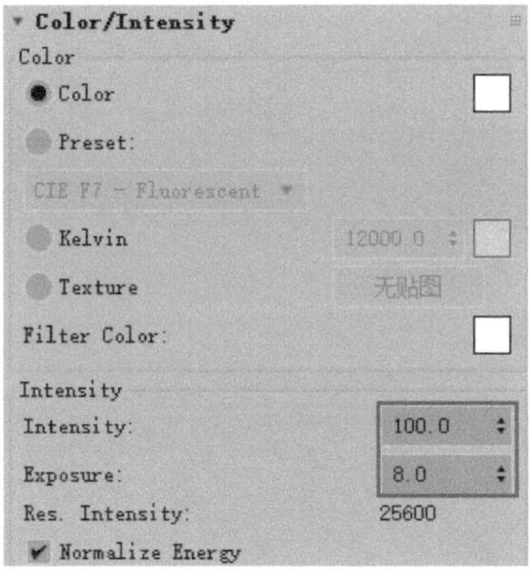

图 8-26

04 在"修改"面板中设置第 4、5 盏灯光的 Shape 卷展栏中的 Type 为 Quad，设置 Quad X、Quad Y 的值，模拟展馆顶部的补充光源，设置 Quad X 为 1000cm、Quad Y 为

1000cm；在 Color/Intensity 卷展栏中设置 Intensity 为 60，如图 8-27 和图 8-28 所示。

05 在"修改"面板中设置第 6 盏灯光的 Shape 卷展栏中的 Type 为 Mesh，单击 Mesh 的场景拾取按钮，拾取场景中的"顶灯"对象作为第 6 盏灯光的发光网格对象，模拟顶灯的照射效果，如图 8-29 所示。

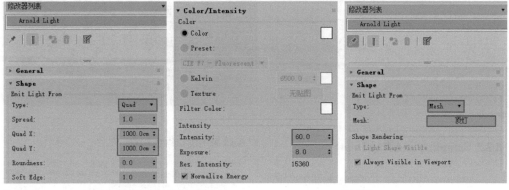

图 8-27　　　　　　　　　　图 8-28　　　　　　　　　　图 8-29

06 设置第 6 盏灯光的 Color/Intensity 卷展栏中的 Color 色块为淡紫色（红：235，绿：169，蓝：254）（模拟光源颜色），设置 Intensity 为 20、Exposure 为 12，如图 8-30 所示。

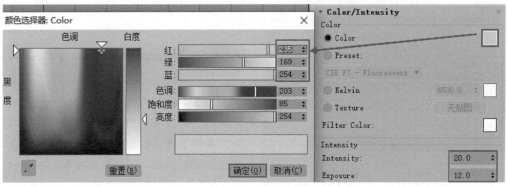

图 8-30

◆ 3. 设置渲染参数

01 按快捷键 F10 打开"渲染设置"窗口，在"公用参数"卷展栏的"输出大小"中设置"宽度"为 800、"高度"为 600，如图 8-31 所示，可以根据需要修改宽度和高度的比例。

图 8-31

02 单击 Arnold Renderer 选项卡，在 Sampling and Ray Depth 卷 展 栏 中 设 置 Camera 为 26、Transmission 的 Ray Depth 为 2，如图 8-32 所示，从而得到清晰的渲染效果，但是渲染时间会加长。Arnold Renderer 选项卡中的参数设置不同，渲染的时间和效果也不一样，默认状态下，渲染效果如图 8-33 所示，有许多噪点，画质不清晰，但是渲染速度快，可以作调整灯光和材质的参考。

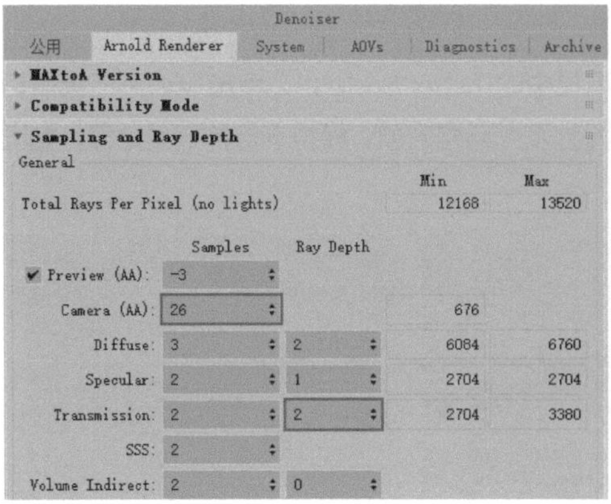

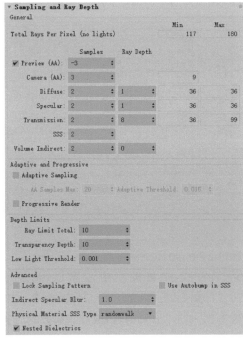

图 8-32

图 8-33

8.2.2 Sampling and Ray Depth

Sampling and Ray Depth（采样和追踪深度）卷展栏主要用于控制效果图渲染的质量，如图8-34所示。

图 8-34

8.2.3 Filtering

Filtering（过滤）卷展栏主要用于调整渲染效果中的抗锯齿现象，如图8-35所示。

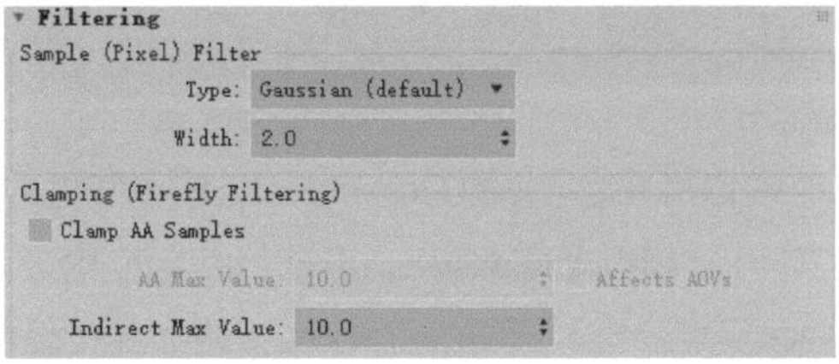

图 8-35

8.2.4 Environment,Background & Atmosphere

Environment,Background & Atmosphere（环境、背景和大气）卷展栏为基于"渲染"菜单下的"环境和效果"功能（渲染>环境或按快捷键8）的环境贴图提供的一些自动、优化、基于图像的照明（Image Based Lighting,IBL），以及对环境和背景的手动控制，如图8-36所示。

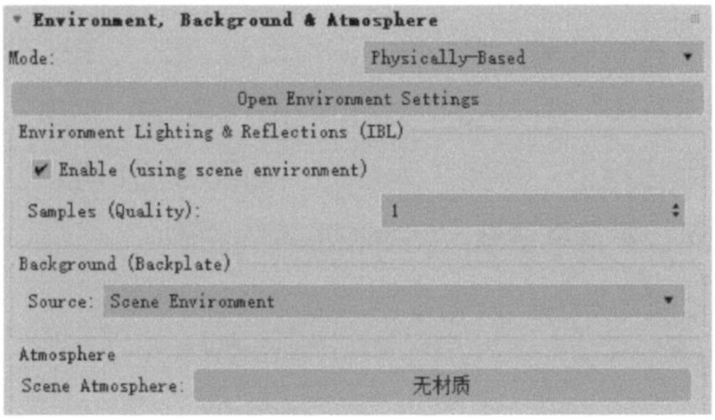

图 8-36

8.2.5 Render Settings

Render Settings（渲染设置）卷展栏位于 System（系统）选项卡中，用于设置渲染时渲染的计算顺序、渲染块的大小等，如图8-37所示。

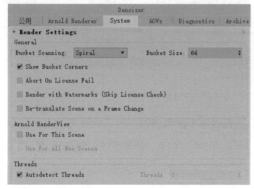

图 8-37

8.3 V-Ray 渲染器

V-Ray渲染器是一款高质量渲染引擎。V-Ray for 3ds Max是3ds Max的高级全局照明渲染器，主要以插件的形式应用在3ds Max中。由于V-Ray渲染器可以真实地模拟现实光照，并且操作简单，可控性也很强，因此被广泛应用于建筑表现、工业设计和动画制作等领域。V-Ray渲染器拥有"光线跟踪""全局照明"属性，可代替3ds Max中原有的"线性扫描渲染器"，V-Ray渲染器还包括了其他增强性能，包括真实的"三维运动模糊""微三角形置换""焦散"，以及通过V-Ray材质的调节完成"次曲面散布"的SSS效果和"网络分布式渲染"等。

V-Ray渲染器的渲染速度与渲染质量比较均衡，在保证较高渲染质量的前提下也具有较快的渲染速度，所以它是目前效果图制作领域较为流行的渲染器之一，V-Ray渲染器的示例

渲染效果如图8-38和图8-39所示。

图 8-38

图 8-39

安装好V-Ray渲染器后，按快捷键F10打开"渲染设置"窗口，在"渲染器"下拉列表中选择V-Ray 5,update 1.2选项，如图8-40所示。

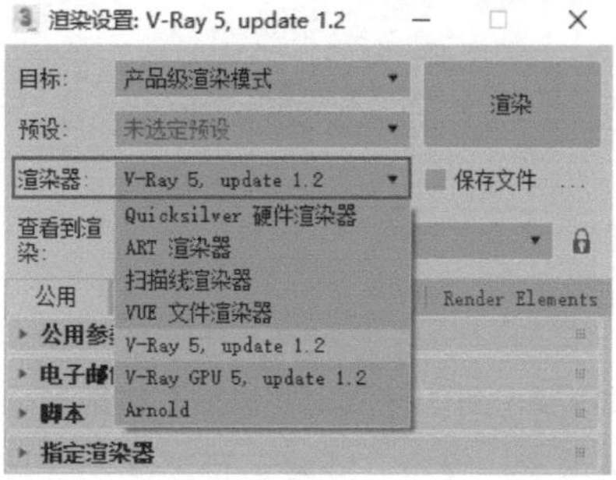

图 8-40

V-Ray渲染器参数面板中主要包括"公用"、V-Ray、GI、"设置"和Render Elements（渲染元素）五大选项卡。接下来，通过课堂案例介绍V-Ray渲染技术。

8.3.1 课堂案例：客厅日光表现

场景位置	场景文件 >CH08> 客厅 .max
实例位置	实例文件 >CH08>8.3.1 课堂案例: 客厅日光表现 .max
学习目标	练习 VRay 材质的制作、灯光和渲染参数的设置

本案例将介绍V-Ray渲染器中的材质和渲染方法，案例效果如图8-41所示。

图 8-41

操作步骤

◆ 1. 制作材质

本案例要用到的材质主要包括石材地砖、地毯、玻璃窗、窗帘、纱幔、布艺沙发等材质，如图8-42所示。

图 8-42

（1）制作石材地砖材质。

01 打开本书配套资源中的"场景文件 >CH08> 客厅 .max"文件，如图 8-43 所示。

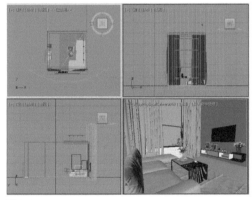

图 8-43

02 打开"材质编辑器"窗口，选择一个空白材质球，设置材质类型为 VRayMtl，将其命名为"石材地砖"，详细参数设置如图 8-44 和图 8-45 所示，制作好的材质球效果如图 8-46 所示。

设置步骤

①在"漫反射"通道加载本书配套资源中的"实例文件>CH08>12>AM160_017_metal_noise.png"贴图，设置"漫反射"颜色为白色（红：255，绿：255，蓝：255）。

②设置"反射"颜色为灰色（红：50，绿：50，蓝：50），设置"光泽度"为0.95，设置"最大深度"为5。

③设置"折射"的"最大深度"为5，取消勾选"影响阴影"复选框，勾选"自发光"选项组中的GI复选框。

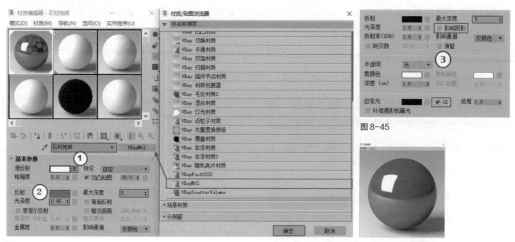

图 8-44

图 8-45

图 8-46

（2）制作地毯材质。

选择一个空白材质球，设置材质类型为VRayMtl，将其命名为"地毯"，详细参数设置如图8-47所示，制作好的材质球效果如图8-48所示。

设置步骤

①设置"漫反射"颜色为浅灰色（红：128，绿：128，蓝：128），在"漫反射"通道中加载Falloff衰减贴图。

②勾选"凹凸贴图"复选框，设置参数值为15，在"凹凸贴图"通道中加载本书配套资源中的"实例文件>CH08>12>fabric_47_bump.jpg"贴图。

③单击"漫反射"通道按钮 M，进入"衰减参数"卷展栏。在黑色通道中加载本书配套资源中的"实例文件>CH08>12>45-rlwFZg_fw658.jpg"贴图；在白色通道中加载本书配套资源中的"实例文件>CH08>12>fabric_47.jpg"贴图，并修改值为50。

④设置"折射""反射"的最大深度为5，取消勾选"影响阴影"复选框。

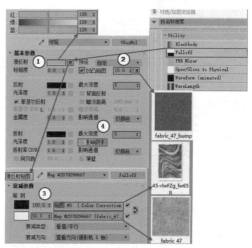

图 8-47

图 8-48

（3）制作玻璃窗材质。

选择一个空白材质球，设置材质类型为VRayMtl，将其命名为"玻璃窗"，详细参数设置如图8-49所示，制作好的材质球效果如图8-50所示。

设置步骤

①设置"漫反射"颜色为浅蓝色（红：198，绿：210，蓝：204）。

②设置"反射"颜色为深灰色（红：25，绿：25，蓝：25），设置"最大深度"为3。

③设置"折射"颜色为白色（红：253，绿：253，蓝：253），设置"最大深度"为3，勾选"影响阴影"复选框，设置"折射率(IOR)"为1.517，选择"影响通道"的类型为"颜色+Alpha"。

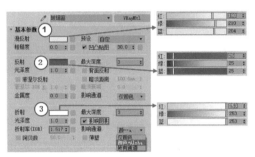

图 8-49

图 8-50

（4）制作窗帘材质。

选择一个空白材质球，设置材质类型为"VRay双面材质"，将其命名为"窗帘"，详细参数设置如图8-51和图8-52所示，制作好的材质球效果如图8-53所示。

设置步骤

①单击"正面材质"的贴图按钮，赋予其一个VRayMtl材质。

②展开"正面材质"的VRayMtl材质"基本参数"卷展栏，设置"凹凸贴图"为45，"反射"的"最大深度"为5、"光泽度"为0.35，"折射"的"最大深度"为5；在"凹凸贴图"通道中加载VRay法线贴图。

③单击"凹凸贴图"通道按钮 M，进入"VRay法线贴图参数"卷展栏。设置"法线贴图"为1.05，并在贴图通道中加载本书配套资源中的"实例文件>CH08>12>bump_NRM.jpg"贴图；设置"凹凸贴图"为1.4，并在贴图通道中加载本书配套资源中的"实例文件 > CH08>12>textile_blue_bump.jpg"贴图。

④返回"窗帘"材质的"参数"卷展栏，将"正面材质"中的内容复制粘贴到"背面材质"中。

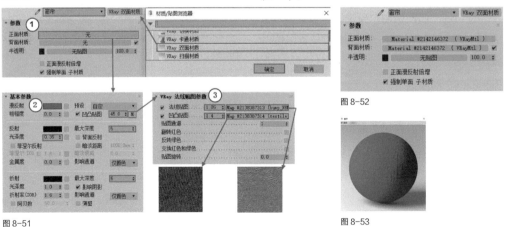

图 8-51

图 8-52

图 8-53

（5）制作纱幔材质。

选择一个空白材质球，设置材质类型为VRayMtl，将其命名为"纱幔"，详细参数设置如图

8-54所示，制作好的材质球效果如图8-55所示。

设置步骤

①设置"漫反射"颜色为白色（红：250，绿：242，蓝：230）。

②设置"反射"颜色为浅灰色（红：128，绿：128，蓝：128），设置"光泽度"为0.65。

③设置"折射"颜色为浅灰色（红：128，绿：128，蓝：128），在"折射"通道中加载Falloff衰减贴图，设置"光泽度"为0.98，设置"折射率(IOR)"为1.1。设置"深度"为0。

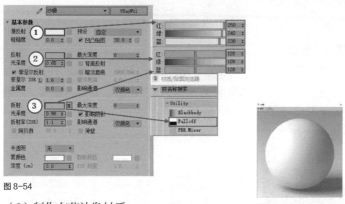

图 8-54

图 8-55

（6）制作布艺沙发材质。

选择一个空白材质球，设置材质类型为VRayMtl，将其命名为"布艺沙发"，详细参数设置如图8-56所示，制作好的材质球效果如图8-57所示。

设置步骤

①在"漫反射"通道中加载本书配套资源中的"实例文件>CH08>12>3d66Model-649271-files-30.jpg"贴图。设置"凹凸贴图"为10，在"凹凸贴图"通道中加载本书配套资源中的"实例文件>CH08>12>3d66Model-649271-files-30.jpg"贴图。

②设置"反射"颜色为灰色（红：40，绿：40，蓝：40），设置"最大深度"为5，在"反射"通道中加载Falloff衰减贴图后，单击通道按钮 **M** 进入"衰减参数"卷展栏，在"前:侧"通道中加载本书配套资源中的"实例文件>CH08>12>3d66Model-649271-files-30.jpg"贴图。

③设置"折射"的"最大深度"为5。

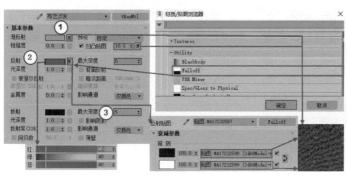

图 8-56

图 8-57

◆ 2. 设置灯光

本场景中需用VRay灯光来模拟天光效果和灯光的效果，用VRay太阳光来模拟日光效果，用VRayIES来模拟射灯效果。

01 设置灯光类型为VRay，在场景中创建出一盏VRay太阳光，其位置如图8-58所示。

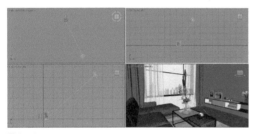

图8-58

02 选择上一步创建的VRay太阳光，进入"修改"面板。展开"太阳参数"卷展栏，设置"强度倍增"为0.03、"大小倍增"为1；展开"天空参数"卷展栏，设置"天空模型"为Preetham et al、"混合角度"为5.739、"浊度"为3、"臭氧"为0.35，详细参数设置如图8-60所示。

图8-60

03 设置灯光类型为VRay，在场景中创建3盏VRay灯光作为天光光源，移动其位置，如图8-61所示。

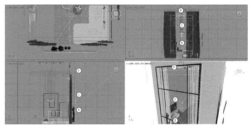

图8-61

04 选择创建的3盏VRay灯光，展开"常规"卷展栏与"选项"卷展栏，调整其中的参数，如图8-62和图8-63所示。

设置步骤

①在"常规"卷展栏中设置"类型"为"平面灯"，设置"倍增"为4.5、"模式"为"颜色"、"颜色"为蓝色（红：86，绿：166，蓝：255）。

②在"常规"卷展栏中设置"类型"为"平面灯"，设置"倍增"为1.5、模式为"温度"。

③在"常规"卷展栏中设置"类型"为"平面灯"，设置"倍增"为0.5、"模式"为"颜色"、"颜色"为白色（红：205，绿：229，蓝：255）；在"选项"卷展栏中勾选"不可见"复选框。

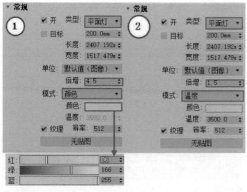

图 8-62

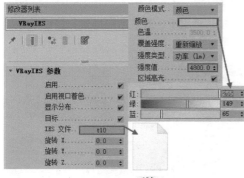

图 8-63

05 设置灯光类型为 VRay，在场景中创建一盏
VRayIES 灯光作为射灯光源，展开"VRay IES
参数"卷展栏，在"IES 文件"通道中加载本书配
套资源中的"实例文件 >CH08>12>t10.ies"文
件，设置"颜色"为暖黄色（红: 255，绿: 149，蓝:
65），"强度值"为 4800，如图 8-64 所示。

t10.ies

图 8-64

06 将刚才添加的射灯（图 8-65 所示的 1）复制
7 份（图 8-65 所示的 2、3、4、5、6、7、8），分
别移动至图 8-65 所示的位置。

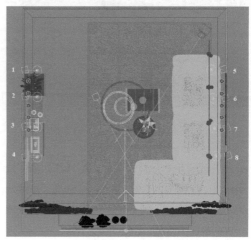

图 8-65

07 设置灯光类型为 VRay，在场景中创建一盏
VRayIES 灯光作为客厅中部的补充光源。展
开"VRayIES 参数"卷展栏，在"IES 文件"
通道中加载本书配套资源中的"实例文件 >
CH08>12>19.ies"文件，设置"颜色"为暖
黄色（红: 255，绿: 149，蓝: 65），设置"强
度值"为 1000，如图 8-66 所示。将刚才添
加的补充光源复制 3 份，分别移动至图 8-67
所示的位置。

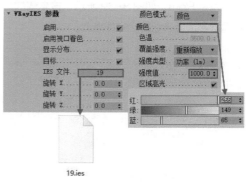

19.ies

图 8-66

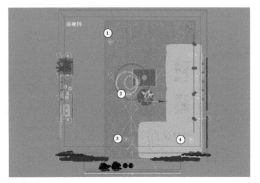

图 8-67

◆ 3. 设置渲染参数

01 按快捷键 F10 打开"渲染设置"窗口，在"公用参数"卷展栏的"输出大小"中设置"宽度"为 800、"高度"为 600，也可以根据需求进行其他参数的设置，如图 8-68 所示。

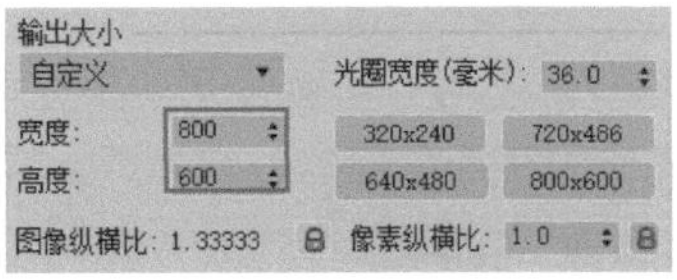

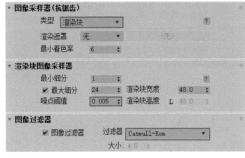

图 8-68

02 单击 V-Ray 选项卡，在"图像采样器（抗锯齿）"卷展栏中设置"类型"为"渲染块"，以便以块状的形式进行渲染，设置"渲染块图像采样器"卷展栏中的"噪点阈值"为 0.005，在"图像过滤器"卷展栏中设置"过滤器"为 Catmull-Rom，如图 8-69 所示。该步骤的目的是提高渲染清晰度，降低噪点。

图 8-69

03 单击 GI 选项卡，展开"全局光照"卷展栏，选择"专家"模式，设置"主要引擎"为"发

光贴图"，勾选"环境阻光"复选框，如图 8-70 所示。

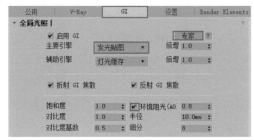

图 8-70

04 展开"发光贴图"卷展栏，设置"当前预设"为"中"，选择"专家"模式，设置"插值采样"为 40，如图 8-71 所示。

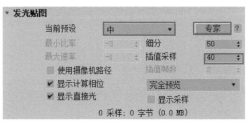

图 8-71

05 展开"灯光缓存"卷展栏，设置"细分"为 1300、"采样大小"为 0.005，如图 8-72 所示。

图 8-72

06 按快捷键 F9 渲染当前场景，最终效果如图 8-73 所示。

图 8-73

8.3.2 V-Ray

V-Ray选项卡中包含10个卷展栏，如图8-74所示。下面对其中常用的卷展栏进行介绍。

图 8-74

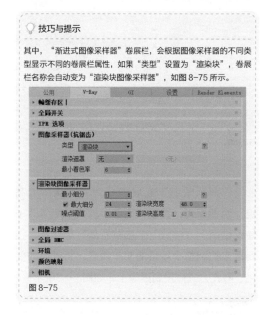

图 8-75

◆ 1. 帧缓存区

"帧缓存区"卷展栏中的参数可以代替3ds Max 2022中的帧缓存窗口。这里可以设置渲染图像的大小，以及保存渲染图像等，如图8-76所示。

◆ 2. 全局开关

"全局开关"卷展栏用于控制V-Ray渲染器渲染场景所使用的计算引擎，对场景中的灯光、材质、置换等进行全局设置，如是否使用默认灯光、是否打开隐藏灯光等，图8-77所示为"默认"模式下的"全局开关"卷展栏，涵盖的设置项较少，但能提高效果图的渲染速度，缩短渲染时间。

图 8-76

图 8-77

"高级"模式下的"全局开关"卷展栏中增加了"反射/折射""光泽效果""最大光线强度""二次光线偏移"等参数，能更加精细地对渲染图像进行设置，如图8-78所示。

图 8-78

"专家"模式下的"全局开关"卷展栏中增加了"统一灯光元素""3ds Max光度学比例""使用MikkTSpace""物理材质为VRayMtl"等参数，可以对光线投射到物体对象上的渲染效果进行更贴近现实的模拟，如图8-79所示。

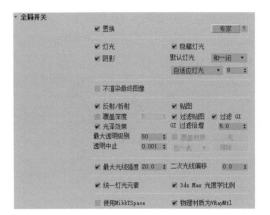

图 8-79

◆ 3. 图像采样器（抗锯齿）

抗锯齿在渲染设置中是一个必须调整的参数，其值决定了图像的渲染精度和渲染时间，但抗锯齿与全局照明精度的高低没有关系，其卷展栏如图8-80和图8-81所示。

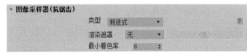

图 8-80

图 8-81

◆ 4. 图像过滤器

"图像过滤器"卷展栏用于选择渲染图像的过滤算法，如图8-82和图8-83所示。

图 8-82

图 8-83

◆ 5. 全局 DMC（确定性蒙特卡洛）

"全局DMC"卷展栏用来控制整体的渲染质量和速度，如图8-84所示。

图 8-84

◆ 6. 环境

"环境"卷展栏默认为不勾选状态，包括"GI环境""反射/折射环境""折射环境""二次哑光环境"4个部分，如图8-85所示。在该卷展栏中可以设置全局照明的亮度、反射、折射和颜色等。

图 8-85

◆ 7. 颜色映射

"颜色映射"卷展栏分为"默认""高级"两种模式，其中"高级"模式增加了"子像素贴图""模式""影响背景"等参数，主要用来控制整个场景的明暗程度，将颜色的变化、曝光方式应用到图像上，如图8-86所示。

图 8-86

8.3.3 GI

GI选项卡中包含4个卷展栏，如图8-87所示。

图 8-87

◆ 1. 全局光照

在 V-Ray 渲染器中，没有开启全局照明的效果默认为直接照明效果，开启后就可以得到间接照明效果。开启全局照明后，光线会在物体与物体间发生反射，因此对光线的计算会更加准确，图像也更加真实。"全局光照"卷展栏如图8-88所示。

图 8-88

◆ 2. 发光贴图

当"全局光照"卷展栏中的"主要引擎"设为"发光贴图"时，出现"发光贴图"卷展栏。"发光贴图"中的"发光"描述了三维空间中的任意一点以及全部可能照射到这点的光线。"发光贴图"是一种常用的全局光引擎。"发光贴图"卷展栏如图8-89所示。

图 8-89

◆ 3. 灯光缓存

"灯光缓存"与"发光贴图"比较相似，都是将最后的光发散到摄影机后得到最终图像，只是"灯光缓存"与"发光贴图"的光线追踪路径是相反的，"发光贴图"的光线追踪路径是从光源到场景中的模型，再反弹到摄影机，而"灯光缓存"的光线追踪路径是从摄影机开始到光源，摄影机追踪光线的数量就是"灯光缓存"的最后精度。由于"灯光缓存"是从摄影机开始追踪光线的，所以最后的渲染时间与渲染的图像的像素没有关系，只与"灯光缓存"卷展栏中的参数有关，一般适用于"二次引擎"。"灯光缓存"卷展栏如图8-90所示。

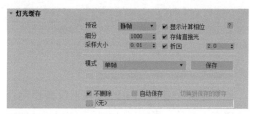

图 8-90

◆ 4. 焦散

焦散是一种特殊的物理现象，V-Ray 渲染器里有专门的焦散功能，默认状态下没有启用。"焦散"卷展栏如图8-91所示。

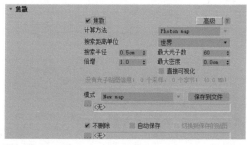

图 8-91

8.3.4 设置

"设置"选项卡中包含7个卷展栏，主要用于查看V-Ray渲染器的授权信息，设置置换参数，设置平铺纹理的选项和代理预览缓存等，如图8-92所示。下面主要介绍"默认置换""系统"卷展栏中的参数。

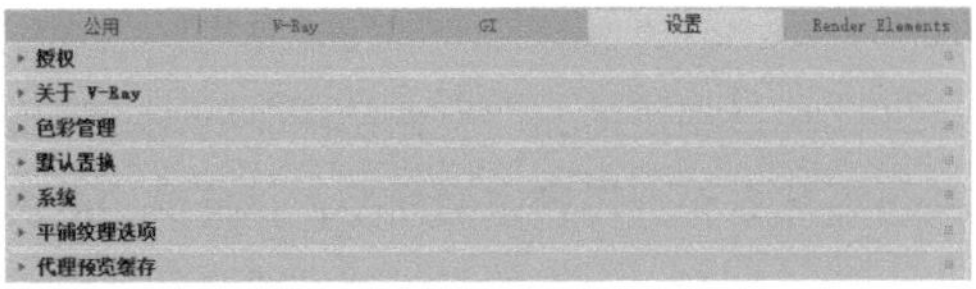

图 8-92

◆ 1. 默认置换

"默认置换"卷展栏中的参数用灰度贴图来实现物体表面的凹凸效果,它对材质中的置换起作用,而不作用于物体表面,如图8-93所示。

图 8-93

◆ 2. 系统

"系统"卷展栏中的参数不仅会影响渲染速度,而且会影响渲染的显示和提示功能。通过在该卷展栏中进行设置,可以完成联机渲染。"系统"卷展栏的模式分为"默认""高级""专家"3种,每一种模式对应的参数不同,"专家"模式下的卷展栏如图8-94所示。

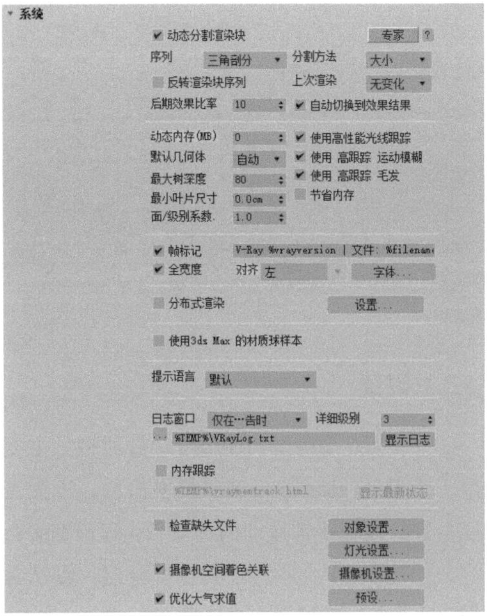

图 8-94

8.4 课后习题

下面通过课后习题帮助读者巩固Arnold渲染器和V-Ray渲染器的灯光、材质和渲染参数的设置,可以参考教学视频完成练习。

8.4.1 课后习题: 静物表现

场景位置	场景文件 >CH08> 静物 .max
实例位置	实例文件 >CH08>8.4.1 课后习题: 静物表现 .max
学习目标	练习 Arnold 材质的制作、Arnold 灯光与渲染参数的设置

参考效果如图8-95所示。

图 8-95

8.4.2 课后习题: 餐厅表现

场景位置	场景文件 >CH08> 餐厅 .max
实例位置	实例文件 >CH08>8.4.2 课后习题: 餐厅表现 .max
学习目标	练习 VRay 材质的制作、灯光和渲染参数设置

参考效果如图8-96所示。

图 8-96

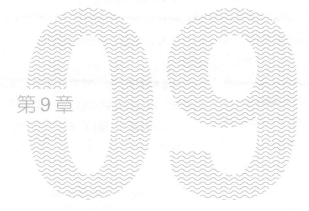

第 9 章

三维动画

本章导读

在 3ds Max 2022 中, 对三维对象的移动、旋转、缩放、颜色变化等操作都可以记录为动画。关键帧动画是较为基础的三维动画之一, 通过设置动作变化的关键点制作动画, 中间的过渡帧由软件自动计算生成, 提高了动画制作的效率。三维动画制作技术包括约束、控制器、IK 解算、骨骼、动力学等, 本章重点介绍基础动画中的关键帧动画、约束动画、变形动画等的制作方法。

学习目标

● 掌握关键帧动画的制作方法。
● 掌握约束动画的制作方法。
● 掌握变形动画的制作方法。
● 掌握用控制器制作动画的方法。

9.1 三维动画概述

从广义上讲，动画是根据视觉原理把静态的画面经过制作或放映形成的活动影像。我们熟悉的电视机、电影机、显示器等放映设备，就是通过在一定的时间内播放适当数量的静帧画面来播放视频的。其中，电视采用24帧/秒（中国PAL制）或者30帧/秒的制式。数字动画是一门综合艺术，它是集合了绘画、漫画、电影、数字媒体、摄影、音乐、文学等众多艺术门类于一身的艺术表现形式。

三维动画又称3D动画，是指使用三维动画制作软件构建虚拟的环境、角色，根据需求设定运动轨迹和其他动画参数，从而形成空间视觉上的立体动态效果。其制作软件包括Houdini、Maya、Softimage 3D、Cinema 4D、3ds Max等。三维动画应用领域广泛，在影视动画、游戏动画、建筑动画、虚拟现实、事故分析、工程模拟等方面都有涉及，如图9-1和图9-2所示。

图9-1　　　　　　　　图9-2

3ds Max 2022作为优秀的三维软件之一，为用户提供了非常强大的动画系统，包括基础动画系统、骨骼动画系统、粒子系统、MassFX系统等。

三维动画的制作流程大致可以分为以下几个部分。

（1）前期制作：为故事线探索、角色设计的发现阶段，在这个阶段，动画产品、风格、原型、故事、环境和美学初步确立，三维动画的创意和概念逐渐形成。

（2）模型：根据前期制作阶段的概念创建三维对象（或模型），包括角色、道具和环境模型等。

（3）贴图与纹理：这是一种用图像、函数或其他数据源来改变物体外观的技术，通过贴图与纹理功能赋予模型仿真的外观，表现物体材质。

（4）绑定：给三维模型创建骨架，然后进行蒙皮，以便整体移动模型，创建动作。

（5）动画：通过关键帧记录模型的动态过程，包括角色、摄影机、灯光和特效等元素的动态改变。

（6）灯光：为三维场景添加灯光，灯光氛围的营造可以辅助体现场景或环境的情绪基调。

（7）动力学与特效：模拟现实世界的真实物理表现，如物体的碰撞、液体的流动、下雪、下雨、烟火、布料等的表现。

（8）渲染与合成：将场景中的所有信息（模型、材料、灯光、摄影机）结合起来产生单个或一系列图像，然后借助合成软件，如After Effects对渲染图像进行调整，或者与其他图像或图层结合，以创建生动、有趣、更有凝聚力的动画产品。

9.2 基础动画

本节介绍制作基础动画的相关工具和轨迹视图-曲线编辑器的用法，并通过案例帮助读者初步了解基础动画制作的方法。

9.2.1 课堂案例：制作片头动画

场景位置	无
实例位置	实例文件 >CH09>9.2.1 课堂案例：制作片头动画 .max
学习目标	学习关键点的操作、两种关键点模式的结合和用摄影机进行记录的方法

案例效果如图9-3所示。

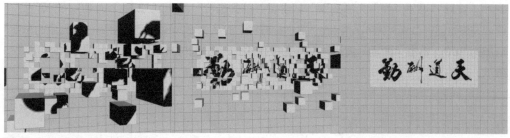

图9-3

操作步骤

01 单击"扩展基本体"中的"切角长方体"按钮，如图9-4所示。在场景中创建切角长方体。单击"修改"按钮 ，在"参数"卷展栏中修改"长度"为5cm、"宽度"为8cm、"高度"为5cm、"圆角"为0.15cm、"圆角分段"为2，如图9-5所示。

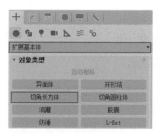

图9-4

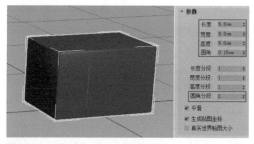

图9-5

02 按快捷键M打开"材质编辑器"窗口，选择一个空白材质球，设置材质类型为"标准（旧版）"，展开"Blinn基本参数"卷展栏，在"漫反射"通道中加载本书配套资源中的"实例文件>CH09>材质>书法.jpg"贴图，如图9-6和图9-7所示。

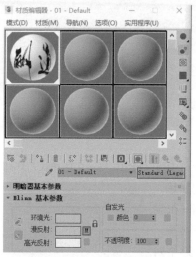

图9-6

图9-7

03 单击"工具"菜单，执行"阵列"命令，打开"阵列"对话框。设置阵列变化坐标的X增量为

8cm，设置"对象类型"为"实例"，设置"阵列维度"的1D"数量"为30，选择2D单选项并设置其"数量"为10，设置"增量行偏移"的Z为5cm，就可以看到"阵列中的总数"增加为300，单击"确定"按钮，在场景中完成一组切角长方体的创建，如图9-8和图9-9所示。

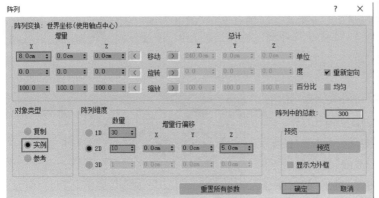

图9-8

图9-9

04 从图9-9中可以看出，每一个切角长方体都有自己的贴图，为了得到一张完整的贴图效果，框选这300个对象，然后为其添加"UVW贴图"修改器，并在"参数"卷展栏中选择"贴图"类型为"长方体"，如图9-10和图9-11所示。

图9-10

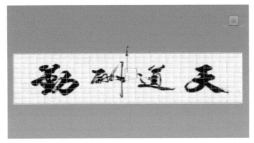

图9-11

创建物理摄影机，并在其他视图中调整其位置，如图9-12和图9-13所示。

图9-12

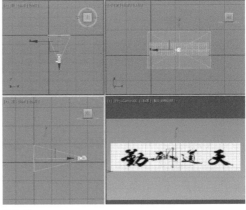

图9-13

05 在"创建"面板中单击"摄影机"按钮■，单击"标准"中的"物理"按钮，在顶视图中

06 框选300个切角长方体对象，单击时间控制区中的"设置关键点"按钮，将时间滑块拖动至第60帧处，然后单击"设置关键点"按钮■，

162

在第 60 帧处打上关键帧标记,记录 300 个对象的位置的操作,如图 9-14 所示。

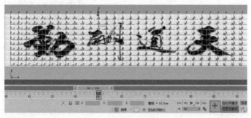

图 9-14

07 将时间滑块移动至第 0 帧处,单击"自动关键点"按钮,让软件自动记录三维对象的位置、旋转、缩放等变化,在顶视图中沿 y 轴随意拖曳一些切角长方体至摄影机镜头外,如图 9-15 所示。

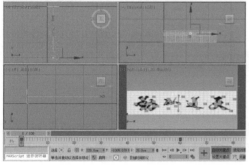

图 9-15

08 选择摄影机,单击"自动关键点"按钮,分别将时间滑块移动至第 0 帧、第 30 帧、第 60 帧、第 80 帧,分别记录镜头运动变化的动画效果,图 9-16 所示为第 0 帧的镜头效果,图 9-17 所示为第 30 帧的镜头效果。

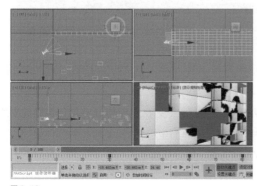

图 9-16

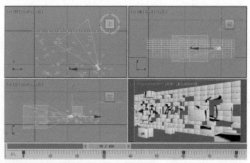

图 9-17

09 完成关键帧动画的制作后,可移动时间滑块观察并修改动画效果,还可以单击"工具"菜单,执行"预览 - 抓取视口 > 创建预览动画"命令,预览动画效果,如图 9-18 所示。

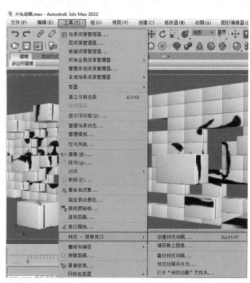

图 9-18

9.2.2 动画制作工具

本小节介绍动画制作过程中的"关键帧设置""播放控制器""时间配置"3 个常用工具。

◆ 1. 关键帧设置

3ds Max 2022 工作界面右下角的时间控制区包含设置和播放关键帧动画的相关工具,如图 9-19 所示。

图 9-19

◆ 2. 播放控制器

在关键帧设置工具的旁边是一些控制动画
播放的工具，如图9-20所示。

图 9-20

◆ 3. 时间配置

单击"时间配置"按钮，打开"时间配
置"对话框，如图9-21所示，在该对话框中可
以设置帧速率、播放速度、动画的长度、开始
时间和结束时间，以及关键点的步幅等。

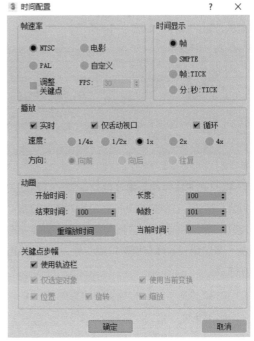

图 9-21

9.2.3 曲线编辑器

曲线编辑器是制作动画时经常使用到的一个编辑器。使用曲线编辑器可以快速地调节曲线来控
制对象的运动状态。单击主工具栏中的"曲线编辑器(打开)"按钮，打开"轨迹视图-曲线编辑
器"窗口，如图9-22所示。

图 9-22

为对象设置动画属性以后，在"轨迹视图-曲线编辑器"窗口中就会有对应的曲线，如图9-23
所示。

在"轨迹视图-曲线编辑器"窗口中，x轴默认使用红色曲线来表示，y轴默认使用绿色曲线来
表示，z轴默认使用紫色曲线来表示，这3条曲线的颜色与工作界面坐标轴的3条轴线的颜色相同。
图9-24所示的x轴曲线为水平直线段，这代表对象在x轴方向上未发生移动。

图9-25所示的z轴曲线呈波浪形，表示对象在z轴方向上发生了运动。

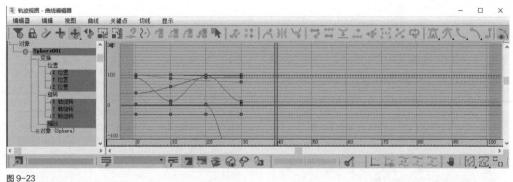

图 9-23

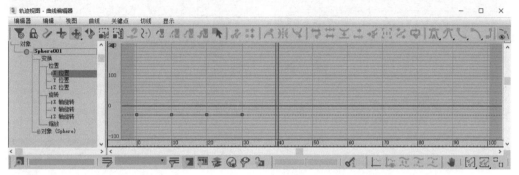

图 9-24

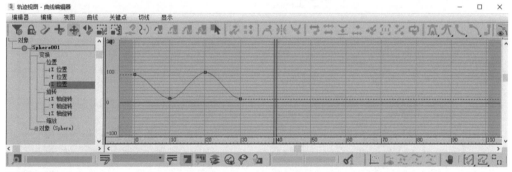

图 9-25

　　"轨迹视图-曲线编辑器"窗口中包含"编辑器""编辑""视图""曲线""关键点""切线""显示"7个菜单,下面将对常用的工具进行介绍。

◆ 1. 关键点工具

　　"关键点"菜单中的工具主要用来调整曲线的基本形状,也可以调整关键帧和添加关键点,在工具栏中有对应的按钮,如图9-26所示。

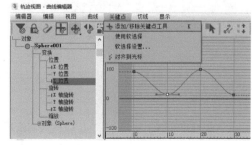

图 9-26

设置关键点的常用方法主要有以下两种。

第1种：自动设置关键点。当开启"自动关键点"功能后，软件通过定位当前帧的信息来记录动画，如图9-27所示的球体，当前时间滑块处于第0帧位置，将球沿z轴移动到上面，然后将时间滑块拖曳到第10帧位置，移动球体到地面，这时系统会在第0帧和第20帧自动记录动画信息，如图9-28所示。此时单击"播放动画"按钮▶或拖曳时间滑块，就可以观察到球体的位移动画。

第2种：手动设置关键点。单击"设置关键点"按钮，开启手动设置关键点功能，将时间滑块移至第0帧后，移动球体，单击"设置关键点"按钮记录当前信息。将时间滑块移至第20帧，然后移动球体，最后再单击"设置关键点"按钮记录当前信息，如图9-29所示，重复此操作。所以在手动设置关键点功能下，每改变一次对象信息，就必须单击"设置关键点"按钮记录动画信息，如图9-30所示。

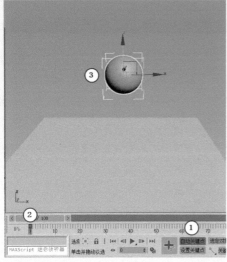

图9-27

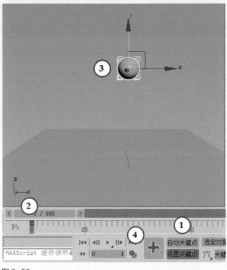

图9-29

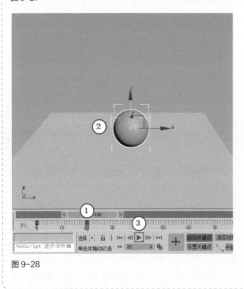

图9-28

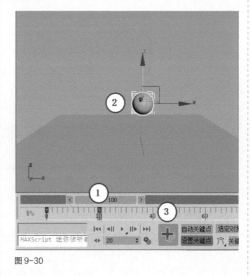

图9-30

2. 关键点切线工具

　　"关键点切线"工具栏中包含7种入切线或出切线方式供用户选择，主要用来调整曲线的切线，也就是关键点之间动画的运动速度，如图9-31所示。

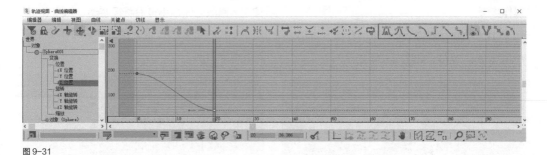

图 9-31

9.3 约束动画

约束动画功能可实现动画制作过程的自动化，可以将一个对象的运动变化通过建立绑定关系约束到其他对象上。"约束"指将事物的变化限制在一个特定的范围内，使用"动画>约束"子菜单中的命令可以控制对象的位置、旋转或缩放。"动画>约束"子菜单包含7个命令，分别是"附着约束""曲面约束""路径约束""位置约束""链接约束""注视约束""方向约束"，如图9-32所示。

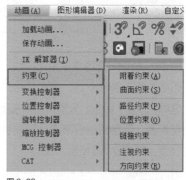

图 9-32

在一段时间内将一个对象链接到另一个对象上，例如角色拿起杯子的动作，可使用"附着约束"命令。将一个对象的位置或者旋转属性链接到另一个或者几个对象上，可使用"链接约束"命令。控制角色眼睛的注视方向可使用"注视约束"命令。

9.3.1 课堂案例：制作小鱼畅游动画

场景位置	场景文件 >CH09> 小鱼 .max
实例位置	实例文件 >CH09>9.3.1 课堂案例：制作小鱼畅游动画 .max
学习目标	学习使用"路径约束"命令制作动画

小鱼畅游动画效果如图9-33所示。

图 9-33

操作步骤

01 打开本书配套资源中的"场景文件 >CH09> 小鱼 .max"文件，如图 9-34 所示。

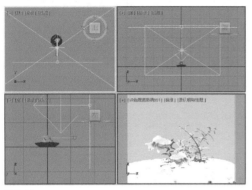

图 9-34

02 在"图形"选项卡中单击"线"按钮，在视图中绘制一条样条线。单击"修改"按钮，选择"顶点"级别，分别观察顶视图、前视图、左视图，调整曲线的顶点，形成小鱼游动的路径线，如图 9-35 所示。

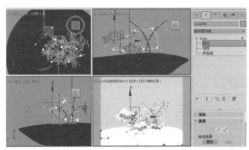

图 9-35

03 选择任意一条小鱼，执行"动画 > 约束 > 路径约束"命令，将小鱼的约束虚线拖曳到样条线上，如图 9-36 所示。

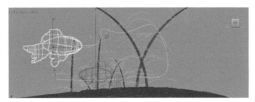

图 9-36

04 完成第 3 步后，时间线上第 0 帧和第 100 帧处自动打上了关键帧标记，单击"播放动画"

按钮▶播放动画，小鱼沿路径游动，如图 9-37 所示。但仔细观察发现，鱼的身体并不会沿着路径改变方向。

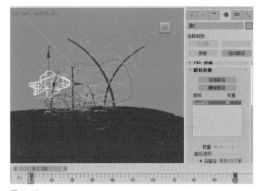

图 9-37

05 在命令面板中单击"运动"按钮，在"路径参数"卷展栏中勾选"跟随"复选框，设置"轴"为 X，如图 9-38 所示。此时小鱼能正确地沿路径游动，如图 9-39 所示。

图 9-38

图 9-39

06 重复第2步到第5步，为另一条小鱼添加游动路径，完成两条小鱼畅游的动画，如图9-40所示。

图9-40

9.3.2 路径约束

使用"路径约束"命令可以让一个对象沿着一条样条线或多条样条线之间的平均距离运动，其参数卷展栏如图9-41所示。约束对象可以被多个目标对象影响，通过调整权重值的大小，可以控制当前目标对象相对于其他目标对象对约束对象的影响程度。

图9-41

9.3.3 位置约束

"位置约束"命令通过一个对象来牵动另一个对象运动。主对象为目标对象，被动对象为约束对象。指定目标对象后，约束对象不能单独运动，只有在目标对象运动时，它才会跟随运动。其参数卷展栏如图9-42所示。

图9-42

9.3.4 链接约束

使用"链接约束"命令可以将一个对象链接到另外的对象上制作动画，被链接的对象会继承目标对象的位移、旋转和缩放属性，例如机械臂抓取某样物体，然后将其交给另一个机械臂，此物体在不同的时间段链接给不同的机械臂对象，其参数卷展栏如图9-43所示。

图9-43

9.3.5 注视约束

"注视约束"命令用于约束对象的方向，并使它一直"注视"着某一个对象。"注视约束"命令能锁定对象的旋转角度，使其中一个轴心点始终指向目标对象，其参数卷展栏如图9-44所示。在角色动画的制作中，"注视约束"常常用于眼球转动动画、舞台追光灯照明动画等的制作。

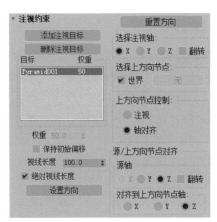

图 9-44

9.4 用修改器制作动画

修改器不仅可用于建模，在制作动画的过程中也会用到。例如，柔体、弯曲、融化、链接变换、变形器等都非常适合用来制作动画，当修改器参数改变时，用关键帧进行记录便可形成动画。

9.4.1 课堂案例：制作霓虹灯动画

场景位置	无
实例位置	实例文件 >CH09>9.4.1 课堂案例：制作霓虹灯动画 .max
学习目标	学习使用"路径变形"修改器制作变形动画

霓虹灯动画效果如图9-45所示。

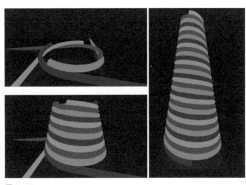

图 9-45

操作步骤

01 单击"几何体"选项卡"扩展基本体"中的"切角圆柱体"按钮，如图9-46所示。在场景中创建一个切角圆柱体，并修改其"半径"为6cm、"高度"为3000cm、"圆角"为1cm、"高度分段"为200，如图9-47所示。

图 9-46

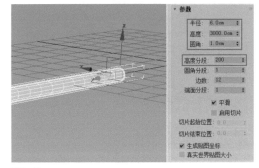

图 9-47

02 在透视视图中旋转并复制3个切角圆柱体，如图9-48所示。

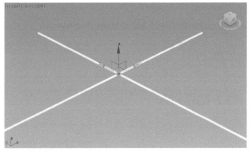

图 9-48

03 按快捷键M打开"材质编辑器"窗口，选择一个空白材质球，赋予其"VRay 灯光材质"，设置"颜色"为玫红色（红：255，绿：0，蓝：204），颜色值为10，勾选"背面发光"复选框，调整出玫红色霓虹灯的效果，如图9-49所示。

04 重复第3步，分别创建3个VRay灯光材质，制作绿色（红：183，绿：255，蓝：130）、红色（红：255，绿：147，蓝：147）、蓝色（红：124，绿：255，蓝：255）的霓虹灯效果，将材质球分别指定给场景中的圆柱体，如图9-50和图9-51所示。

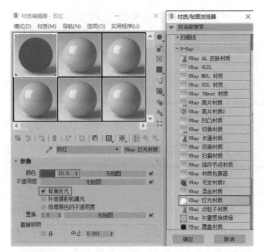

图 9-49

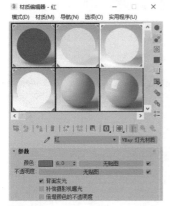

图 9-50

图 9-51

05 单击"图形"选项卡"样条线"中的"螺旋线"按钮，如图 9-52 所示。在场景中创建一条螺旋线，修改其"半径 1"为 90cm、"半径 2"为 30cm、"高度"为 400cm、"圈数"为 8，如图 9-53 所示。

图 9-52

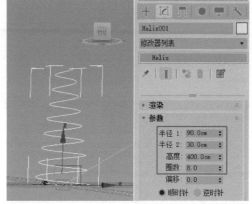

图 9-53

06 单击第 5 步创建的螺旋线，单击主工具栏中的"选择并旋转"按钮 C，同时按住 Shift 键，在同一平面上沿顺时针或逆时针方向旋转 90°，复制 3 条螺旋线，分别为 4 个切角圆柱体的变形路径做准备，如图 9-54 和图 9-55 所示。

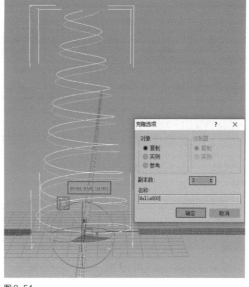

图 9-54

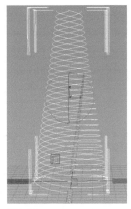

图 9-55

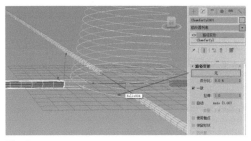

图 9-56

07 选择玫红色的切角圆柱体，为其添加"路径变形"修改器，单击"路径变形"卷展栏中的"无"按钮，拾取场景中的一条螺旋线作为变形路径，如图 9-56 所示。

08 选择"路径变形"修改器，将时间滑块拖动至第 60 帧处，单击"自动关键点"按钮，将"路径变形"卷展栏中的"百分比"设置为 0%，单击"设置关键点"按钮█，记录路径变形后的状态，如图 9-57 所示。

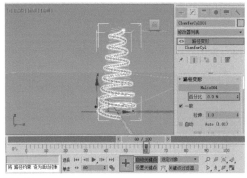

图 9-57

09 将时间滑块拖曳至第 0 帧处，单击"自动关键点"按钮，将"路径变形"卷展栏中的"百分比"设置为 -105%，单击"设置关键点"按钮█，记录未进行路径变形的状态，如图 9-58 所示。

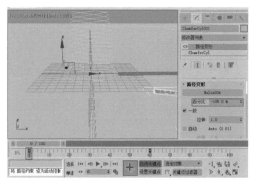

图 9-58

10 重复第 8、9 步操作，分别为其他 3 个切角圆柱体添加"路径变形"修改器，并单击"自动关键点"按钮记录动画信息，完成后的效果如图 9-59 和图 9-60 所示。

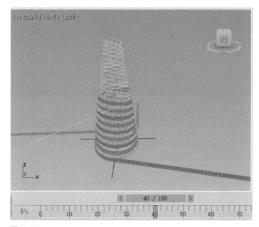

图 9-59

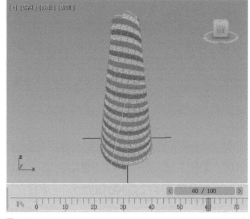

图 9-60

11 在场景中创建一台 VRay 物理相机，将时间滑块分别移至第 0 帧、第 10 帧、第 60 帧、第 70 帧、第 80 帧处，并在顶视图、前视图、左视图、摄影机视图中调整摄影机位置，自主设置摄影机镜头下的运动动画，如图 9-61 和图 9-62 所示。

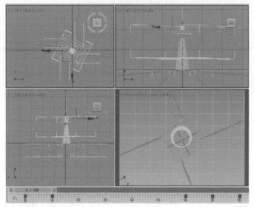

图 9-61

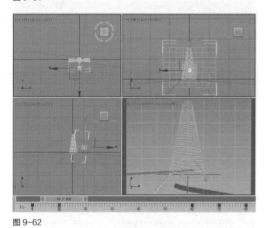

图 9-62

动画的最终渲染效果如图 9-63 所示。

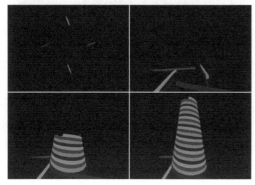

图 9-63

9.4.2 "变形器"修改器

修改器下拉列表中包含了多种类型的修改器，对象空间修改器中的大多数修改器作用于三维对象所产生的改变，可以通过关键帧将这些改变记录为动画。本小节主要介绍"变形器"修改器。

"变形器"修改器可改变网格、面片和 NURBS模型的形状，同时还支持材质变形，一般用于制作三维角色的口型动画和面部表情动画。"变形器"修改器的参数面板包含5个卷展栏，如图9-64所示。

图 9-64

◆ 1. 通道颜色图例

"通道颜色图例"卷展栏如图9-65所示，通过设置不同的通道颜色表示不同的状态。

图 9-65

◆ 2. 全局参数

"全局参数"卷展栏如图9-66所示，用于设置在所有通道上的最大值、最小值界限，以及是否激活通道等。

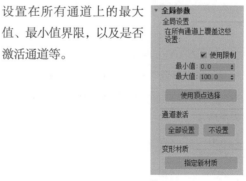

图 9-66

◆ 3. 通道列表

"通道列表"卷展栏如图9-67所示，用于加载不同的通道并罗列出目标信息，在列表中选择保存的标记，或者在文本字段中输入新名称，单击"保存标记"按钮即可创建新标记。

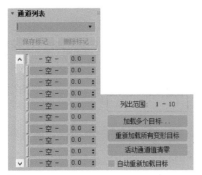

图 9-67

◆ 4. 通道参数

"通道参数"卷展栏如图9-68所示，在场景中拾取对象或捕获当前的状态，并在"渐进变形"选项组中对"目标""张力"的值进行设置。

图 9-68

◆ 5. 高级参数

"高级参数"卷展栏如图9-69所示，用于指定"微调器增量"的大小，5.0为大增量，0.1为小增量。

图 9-69

9.5 用控制器制作动画

3ds Max 2022中的控制器用来管理关键帧动画，如对象缩放、颜色或者平移变化中涉及的值。控制器可直接添加于三维对象上，产生依据参数控制其变换的动画效果。

9.5.1 课堂案例：制作壁挂钟动画

场景位置	场景文件 >CH09> 壁挂钟 .max
实例位置	实例文件 >CH09>9.5.1 课堂案例: 制作壁挂钟动画 .max
学习目标	学习使用控制器制作时针、分针关联动画

壁挂钟动画效果如图9-70所示。

图 9-70

操作步骤

01 打开本书配套资源中的"场景文件 >CH09>壁挂钟 .max"文件，如图 9-71 所示。

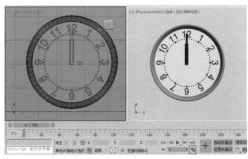

图 9-71

02 单击"时间配置"按钮，打开"时间配置"对话框，选择"自定义"单选项，设置帧速率为每秒 25 帧，修改"动画"选项组中的"结束时间"为 300，如图 9-72 所示。假设分针每秒 25 帧走完一圈为一个小时，这样完成 12 小时的快速延时动画需要 300 帧，如图9-72所示。

03 选择"分针"对象，单击"自动关键点"按钮,如图 9-73 所示,在第 0 帧处单击"设置关键点"按钮➕,记录"分针"对象的初始状态。将时间滑块移动至第 25 帧处,单击"选择并旋转"按钮 c,将"分针"对象沿 y 轴方向顺时针旋转 360°,此时软件会自动记录对象的旋转变化信息,如图 9-74 所示。

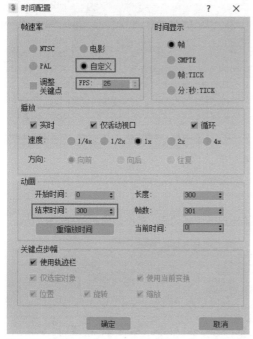

图 9-72

图9-73

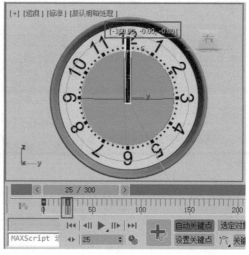

图 9-74

04 选择"分针"对象,单击鼠标右键,在弹出的菜单中执行"连线参数"命令,执行"变换 >旋转 >Y 轴旋转"命令,如图 9-75 所示。当出现连线虚线时拾取"时针"对象,执行"变换 >旋转 >Y 轴旋转"命令,将两个对象进行关联,如图 9-76 所示。

05 完成第 4 步后将弹出"参数关联"窗口,设置"分针"对象的旋转控制"时针"旋转的规则。当"分针"对象走一圈,即 360° 后,"时针"对象旋转 30°,所以它们的参数比为 12:1。设置"时针"对象的表达式为"Y_ 轴旋转 *1/12",单击"单项链接:左参数控制右参数"按钮➡,单击"连接"按钮使两个对象产生函数关系,如图 9-77 所示。

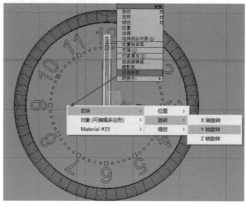

图 9-75

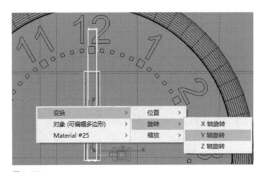

图 9-76

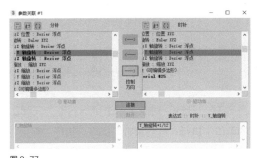

图 9-77

06 重复第 3 步，分别在第 50 帧、第 75 帧、第 100 帧等 25 的倍数的关键帧处沿 y 轴方向旋转"分针"对象，如图 9-78 所示，此时会发现"时针"会随着"分针"的旋转而旋转。壁挂钟动画制作完成。

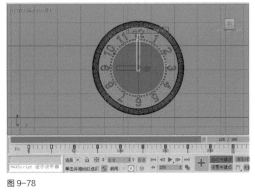

图 9-78

07 选择动画效果最明显的一些帧，按快捷键 F9 渲染出这些单帧动画，最终效果如图 9-79 所示。

图 9-79

9.5.2 音频控制器

使用一段音频的波形来控制参数的变化，波形越高的位置，参数变化越大，反之参数变化越小。选择对象，单击"运动"按钮，就能为其指定控制器，如图9-80和图9-81所示。音频控制器是一款常用的控制器，它不仅支持导入 WAV、AVI 格式的音频文件，还可以引用外部声音控制动画，"音频控制器"对话框如图9-82所示。

图 9-80

图 9-81

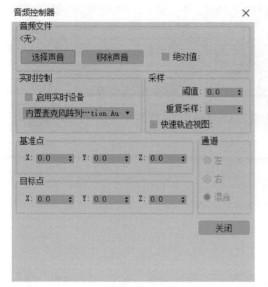

图 9-82

9.5.3 噪波控制器

使用噪波控制器可以随机产生动态的变化。噪波控制器主要通过调整一些参数来控制噪波曲线，从而影响动画。例如汽车的颠簸动画、移动或旋转过程中产生抖动的动画等，都可以用噪波控制器来制作，"噪波控制器"对话框如图9-83所示。

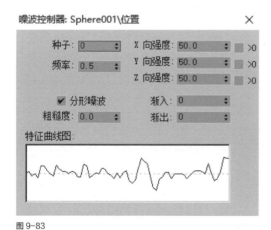

图 9-83

9.5.4 Bezier 控制器

Bezier控制器是用途很广泛的一种控制器，它在两个关键点之间使用可调整的样条线来控制动作之间的插值。Bezier控制器用函数曲线的方式控制曲线形态，通过拖曳关键点切线的手柄影响运动效果，通过对关键点两侧曲线衔接的控制产生生硬或匀速的动画效果。其参数面板如图9-84和图9-85所示。

图 9-84

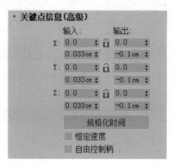

图 9-85

9.6 课后习题

下面通过两个课后习题，练习注视动画和面部表情变形动画的制作，读者可根据教学视频完成练习。

9.6.1 课后习题：制作螃蟹注视动画

场景位置	场景文件 >CH09> 螃蟹 .max
实例位置	实例文件 >CH09>9.6.1 课后习题：制作螃蟹注视动画 .max
学习目标	练习注视动画的制作

参考效果如图9-86所示。

图 9-86

9.6.2 课后习题：制作表情动画

场景位置	场景文件 >CH09> 表情 .max
实例位置	实例文件 >CH09>9.6.2 课后习题：制作表情动画 .max
学习目标	练习用"变形器"修改器制作动画的方法

参考效果如图9-87所示。

图 9-87

第 10 章

动力学

本章导读

本章将介绍 3ds Max 2022 中的动力学技术，重点讲解
动力学 MassFX 技术和刚体动画的制作方法。

学习目标

- 掌握刚体动画的制作方法。
- 理解动力学相关参数的含义。

10.1 动力学系统概述

3ds Max 2022中包含两个动力学系统：MassFX刚体动力学系统和Biped骨骼动力学系统。它们支持刚体和软体动力学，可实时进行刚体、软体的碰撞计算，可模拟绳索、布料、液体动画等，还能模拟关节对象的活动，制作出逼真的角色动作。3ds Max动力学系统可以模拟准确的动力学动画，为对象指定物理属性，如质量、摩擦力、弹性等，快速地制作出对象与对象之间真实的物理碰撞效果，是动画制作中不可或缺的利器。动力学系统的优势在于交互信息完全参数化，与实体对象紧密连接，包含设置关键帧动画的对象（如抛出的球）及设置动力学动画的对象（如保龄球枢轴）。

在3ds Max 2012之前的版本中使用Reactor来制作动力学效果，3ds Max 2012版本加入了新的刚体动力学系统——MassFX。这套刚体动力学系统，可以配合多线程的Nvidia显示引擎来进行MAX视图中的实时运算，并能得到更为真实的动力学效果。MassFX的主要优势在于操作简单，支持实时运算，并解决了因模型面数过多而无法运算的问题。

动力学系统除了可以模拟重力、风力、阻力、摩擦力、反弹力等，还可以模拟布、绳索、水、烟、沙等效果，图10-1和图10-2所示为用动力学系统制作的特效。

图 10-1

图 10-2

在主工具栏的空白处单击鼠标右键，在弹出的菜单中执行"MassFX工具栏"命令，如图10-3所示，调出MassFX工具栏。也可以单击"动画"菜单，执行"MassFX"命令，如图10-4所示，调出该工具栏。MassFX工具栏如图10-5所示。

图 10-3　　　　图 10-4　　　　图 10-5

💡 技巧与提示

为了方便操作，可以将MassFX工具栏拖曳到工作界面的左侧，使其停靠于此，如图10-6所示。在MassFX工具栏上单击鼠标右键，还可以在弹出的菜单中执行"停靠"子菜单中的命令，选择将该工具栏停靠在其他地方，如图10-7所示。

图 10-6　　　　图 10-7

10.2 创建动力学 MassFX

本节将对MassFX工具栏中的MassFX工具、刚体创建工具及模拟工具进行讲解。刚体是物理模拟中的对象，其形状和大小不会产生变化，它可能会反弹、滚动和四处滑动，但无论对其施加了多大的力，它也不会弯曲或被折断，只是对动力进行模拟。

10.2.1 课堂案例：制作汽车撞击动画

场景位置	场景文件 >CH10> 汽车 .max
实例位置	实例文件 >CH10>10.2.1 课堂案例：制作汽车撞击动画 .max
学习目标	学习动力学刚体动画的制作

案例效果如图10-8所示。

图 10-8

操作步骤

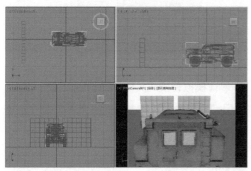

01 打开本书配套资源中的"场景文件 >CH10> 汽车 .max"文件，如图10-9 所示。

图 10-9

02 在主工具栏的空白处单击鼠标右键，在弹出的菜单中执行"MassFX 工具栏"命令，调出 MassFX 工具栏，如图 10-10 所示。

图 10-10

03 选择场景中的墙体对象，在 MassFX 工具栏中单击"刚体"按钮，执行"将选定项设置为动力学刚体"命令，将墙体对象设置为动力学刚体，如图 10-11 所示。

图 10-11

04 选择汽车对象，单击"自动关键点"按钮，在起始帧处上上关键帧标记，记录汽车对象的位置，在第 20 帧处沿 x 轴将汽车对象移动至墙体的后面，完成汽车移动动画的制作，如图 10-12 和图 10-13 所示。

图 10-12

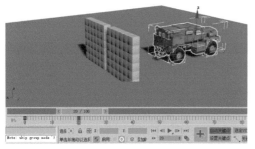

图 10-13

05 选择汽车对象，在 MassFX 工具栏命令中单击"刚体"按钮，执行"将选定项设置为运动学刚体"命令，将汽车对象设置为运动学刚体，如图 10-14 所示。选择地面对象，在 MassFX 工具栏中单击"刚体"按钮，执行"将选定项设置为静态刚体"命令，将地面对象设置为静态刚体，如图 10-15 所示。

图 10-14

图 10-15

06 单击"开始模拟"按钮，模拟汽车撞击墙体的效果，如图 10-16 和图 10-17 所示。

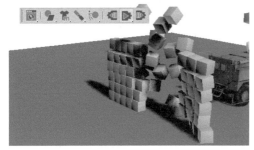

图 10-16

图 10-17

07 为了方便渲染，在确定动力学模拟的效果后，单击"MassFX 工具"按钮，打开"MassFX 工具"面板，单击"模拟"卷展栏中的"烘焙所有"按钮，如图 10-18 所示。这步的目的是将刚体模拟转换为关键帧动画。

图 10-18

08 刚体模拟转换成关键帧动画后，在时间轴上会自动逐帧打上关键帧标记，效果如图 10-19 所示。

图 10-19

　　动力学动画的特点是模拟碰撞后产生的物理效果，通过观察静帧图片，发现效果不明显，读者可参考本章渲染的动画文件，观察汽车碰撞墙体后，墙体受到撞击逐渐散落的效果，甚至有一部分还被撞飞掉落到地面之下。

10.2.2 "MassFX 工具"面板

"MassFX工具"面板中包含"世界参数""模拟工具""多对象编辑器""显示选项"4个选项卡，如图10-20所示。单击或长按"MassFX工具"按钮，会弹出"MassFX工具"面板。

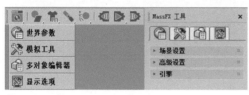

图 10-20

◆ 1. "世界参数"选项卡

"世界参数"选项卡提供用于在 3ds Max 2022中创建物理模拟的全局设置和控件，包含"场景设置""高级设置""引擎"卷展栏，如图10-21所示。这些设置会影响模拟中的所有对象。

图 10-21

"场景设置"卷展栏如图10-22所示，用于设置碰撞的环境、全局重力、刚体计算值。

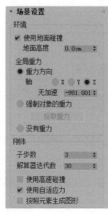

图 10-22

"高级设置"卷展栏如图10-23所示，用

于设置刚体碰撞的睡眠、高速碰撞、反弹、接触壳等。

"引擎"卷展栏如图10-24所示，用于选择是否使用多线程和了解MassFX版本的相关信息。

图 10-23　　　　　　图 10-24

◆ 2. "模拟工具"选项卡

"模拟工具"选项卡包含"模拟""模拟设置""实用程序"3个卷展栏，如图10-25所示。

"模拟"卷展栏如图10-26所示，用于预览刚体的效果，并对动画进行烘焙。

图 10-25　　　　　　图 10-26

"模拟设置"卷展栏如图10-27所示，用于选择继续或停止刚体的模拟。

"实用程序"卷展栏如图10-28所示，用于浏览、验证或导出模拟的场景。

图 10-27　　　　　　图 10-28

◆ 3. "多对象编辑器"选项卡

在场景中选择一个或多个MassFX刚体时，可使用"多对象编辑器"选项卡中的卷展栏同时编辑它们的所有属性，如图10-29所示。"多对象编辑器"选项卡中包含7个卷展栏，分别是"刚体属性""物理材质""物理材质属性""物理网格""物理网格参数""力""高级"，如图10-30所示。

图10-29

图10-30

"刚体属性"卷展栏如图10-31所示，用于设置刚体类型，包含"动力学""运动学""静态"3种类型。

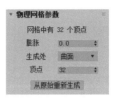

图10-31

"物理材质"卷展栏如图10-32所示，"预设"下拉列表中的选项如图10-33所示，用于选择预设的材质类型。

图10-32　　　　　　图10-33

"物理材质属性"卷展栏如图10-34所示，用于设置刚体的密度、质量，以及两个刚体开始、保持互相滑动的难度系数。

图10-34

"物理网格"卷展栏如图10-35所示。"网格类型"下拉列表中的选项如图10-36所示，用于选择刚体物理网格的类型。

图10-35　　　　　　图10-36

"物理网格参数"卷展栏如图10-37所示，主要针对不同的网格类型进行参数设置。大多数情况下，"凸面"是默认的网格类型。

图10-37

💡 技巧与提示

"物理网格参数"卷展栏中的内容是由所选的网格类型决定的，当选择不同的网格类型时，"物理网格参数"卷展栏中显示的内容也不同。

"力"卷展栏如图10-38所示，用于对刚体应用的力进行添加或移除。

图10-38

◆ 4. "显示选项"选项卡

"显示选项"选项卡中包含两个卷展栏，分别是"刚体""MassFX可视化工具"，如图10-39所示，用于切换物理网格视图显示的控件，以及用于调试模拟的MassFX可视化工具。

"刚体"卷展栏如图10-40所示，用于设置选定对象的物理网格是否显示在视图中。

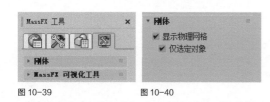

图 10-39　　　　　　　图 10-40

10.2.3 创建刚体

刚体创建工具分为3种，分别是"将选定项设置为动力学刚体""将选定项设置为运动学刚体""将选定项设置为静态刚体"，如图10-41所示。

图 10-41

"将选定项设置为动力学刚体"工具可将未实例化的MassFX刚体修改器应用到每个选定对象，并将"刚体类型"设置为"动力学"，然后为对象创建单个凸面物理图形。如果选定对象已经具有MassFX刚体修改器，则现有修改器的刚体类型将更改为动力学，而不重新应用，如图10-42所示。此工具与"模拟>刚体>将选定项设置为动力学刚体"命令的功能相同。

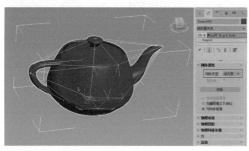

图 10-42

MassFX Rigid Body（MassFX刚体）修改器的参数面板包含6个卷展栏，分别是"刚体属性""物理材质""物理图形""物理网格参数""力""高级"，如图10-43所示。其中的多数功能与"MassFX工具"面板的"多对象编辑器"选项卡的相似，所以可参考10.2.2小节"'MassFX工具'面板"中的"多对象编辑器"选项卡部分。下面主要介绍"物理图形"卷展栏。

图 10-43

"物理图形"卷展栏如图10-44所示，用于对添加到刚体的每个物理图形进行编辑，例如复制图像、镜像图像，以及为图形列表中高亮显示的图形选定应用的物理图形类型。

图 10-44

10.3 课后习题

本节准备了两个课后习题，读者可参考教学视频完成练习。

10.3.1 课后习题：制作糖果落盘动画

场景位置	场景文件 >CH10> 糖果 .max
实例位置	实例文件 >CH10>10.3.1 课后习题：制作糖果落盘动画 .max
学习目标	练习运动学刚体动画的制作

参考效果如图10-45所示。

图 10-45

10.3.2 课后习题：制作小球入瓶动画

场景位置	场景文件 >CH10> 玻璃瓶 .max
实例位置	实例文件 >CH10>10.3.2 课后习题：制作小球入瓶动画 .max
学习目标	练习用 FFD 空间扭曲制作动画的方法

参考效果如图10-46所示。

图 10-46

第 11 章

布料系统

本章导读

本章将介绍 3ds Max 2022 布料系统的基础知识与应用。使用布料系统不仅可以创建逼真的布料材质效果，还可以模拟布料的动力学动画，主要使用 mCloth（布料）修改器和 Garment Maker（服装生成器）修改器来模拟布料的运动与变形效果。

学习目标

● 理解布料系统参数的作用。

● 掌握 mCloth 修改器的使用方法。

11.1 布料系统概述

　　布料系统是一种高级的布料模拟引擎，可以为三维对象创建逼真的布料效果。Cloth 修改器是布料系统的核心，用于定义布料对象、冲突对象、指定属性和执行模拟布料，同时还包括创建约束、交互拖曳布料和清除模拟组件等。Garment Maker修改器可作为Cloth修改器的辅助工具一起使用。使用Garment Maker修改器，可以设计简单的、平面的、基于样条线的图案，并将其转换为网格，通过类似缝制衣服的方式，在三维空间中创建衣服模型，图11-1所示为布料模拟的基本流程。

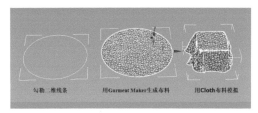

勾勒二维线条　　用Garment Maker生成布料　　用Cloth布料模拟

图 11-1　.

11.1.1 课堂案例：制作篮球撞击床单动画

场景位置　　场景文件 >CH11> 布料场景 .max

实例位置　　实例文件 >CH11>11.1.1 课堂案例：制作篮球撞击床单动画 .max

学习目标　　掌握布料系统的工作流程，以及基本参数的设置和使用方法

　　案例效果如图11-2所示。

图 11-2

操作步骤

01 打开本书配套资源中的"场景文件 >CH11>布料场景 .max"文件，如图11-3 所示。

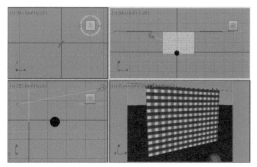

图 11-3

02 选择场景中的"床单"对象，为其添加Cloth 修改器，在"对象"卷展栏中单击"对象属性"按钮，如图11-4所示。在弹出的"对象属性"对话框中为"床单"指定"布料"属性 Cotton，单击"确定"按钮，如图11-5 所示。

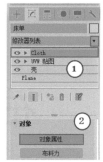

图 11-4

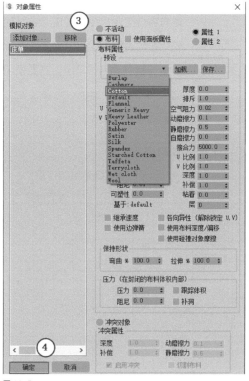

图 11-5

03 为了更好地表现布料的运动状态，给场景中篮球撞击的方向和大致位置添加风力，这样能获得更丰富的布料动画效果。单击"创建"面板"空间扭曲"选项卡"力"中的"风"按钮，创建风对象，如图 11-6 和图 11-7 所示。

04 选择"床单"对象，在 Cloth 修改器的"对象"卷展栏中，单击"布料力"按钮，打开"力"对话框，选择"场景中的力"列表框中的 Wind001 选项，单击按钮 >，将其添加到"模拟中的力"列表框中，单击"确定"按钮，如图 11-8 所示，完成风力的添加。

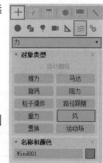

图 11-6

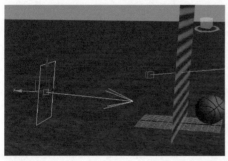

图 11-7

图 11-8

05 此步骤模拟夹子夹住床单的效果。展开 Cloth 修改器的"组"卷展栏，按住 Shift 键选择场景中床单被夹子夹住的顶点，然后单击"组"卷展栏中的"设定组"按钮，打开"设定组"对话框，设置"组名称"为"约束"，单击"确定"按钮，单击"模拟节点"按钮，如图 11-9 和图 11-10 所示。

图 11-9

06 单击 Cloth 修改器"对象"卷展栏中的"模拟"按钮，可观察风及布料效果。观察效果后，因还需继续制作其他布料动画，所以单击"重设状态"按钮、"设置初始状态"按钮，恢复初始状态，如图 11-11 和图 11-12 所示。

图 11-11

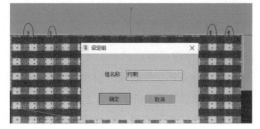

图 11-10

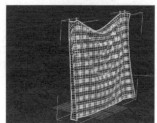

图 11-12

07 单击 Cloth 修改器"对象"卷展栏中的"对象属性"按钮；单击"添加对象"按钮拾取场景中的篮球对象，或者在"对象属性"对话框中单击"添加对象"按钮，将场景中的篮球对象添加为布料系统计算的对象；设置"篮球主体"为"冲突对象"，修改"补偿"为 4、"静摩擦力"为 0.5；单击"确定"按钮，完成冲突对象的属性设置，如图 11-13 和图 11-14 所示。

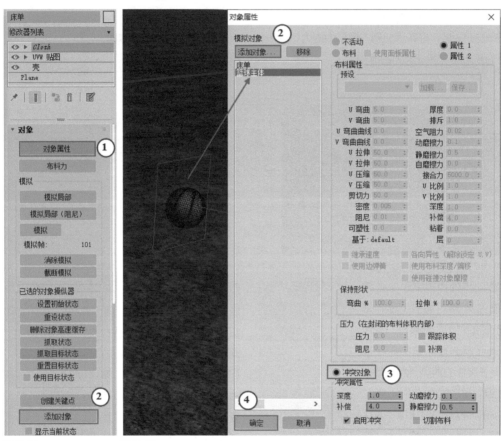

图 11-13　　　　图 11-14

08 单击 Cloth 修改器"对象"卷展栏中的"模拟"按钮，布料模拟和篮球撞击后的效果如图 11-15 所示。

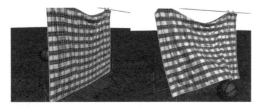

图 11-15

💡 技巧与提示

如果出现篮球穿透床单的现象，可在 Cloth 修改器面板的"模拟参数"卷展栏中将"子例"从默认的 1 改为 2，或者继续调整"篮球主体"的"冲突属性"。

11.1.2　Cloth 修改器

　　Cloth 修改器可以简单快速地模拟布料的真实运动状态和变形效果，如布料与物体碰撞后发生的变形效果，布料穿在角色身上随着角色运动产生的变形效果，或者是受到重力、风

力影响的效果。Cloth修改
器包含"对象""选定对
象""模拟参数"3个卷展
栏，如图11-16所示。

图 11-16

◆ 1. 对象

　　"对象"卷展栏可以指定参与布料模拟计
算的对象，包含大部分控制布料模拟计算的进
程和状态命令。"对象"卷展栏如图11-17所
示，用于设置参加模拟计算的对象的属性，如
为对象添加重力、风力等外力，并对模拟状态
进行控制，创建动画关键点等。

图 11-17

◆ 2. 选定对象

　　"选定对象"卷展栏仅在选定了某一个单
独对象时才会显示。"选定对象"卷展栏如图
11-18所示，用于管理布料模拟系统的缓存数
据，以便使用网络渲染的方式将布料计算工作
发送给其他计算机执行，使得本机可以执行其
他工作，以及进行布料系统对象的属性设置。

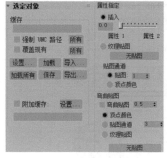

图 11-18

◆ 3. 模拟参数

　　在"模拟参数"卷展栏中可以设置模拟
计算的基础参数，如长度、重力、起始帧和
结束帧等。

"模拟参
数"卷展栏
如图11-19
所示。

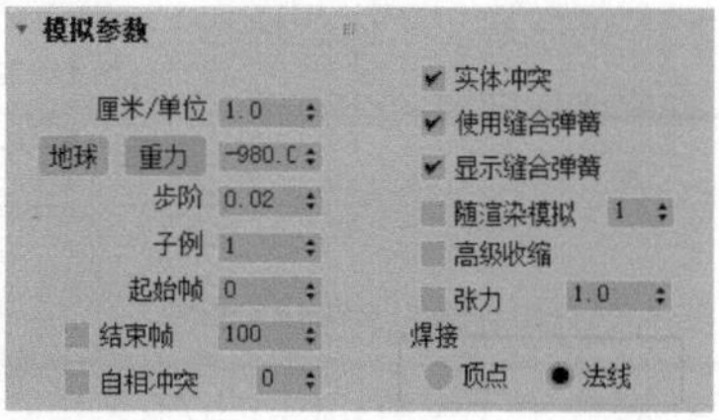

图 11-19

11.1.3　mCloth 修改器

　　mCloth修改器是一种特殊版本的布料修
改器，用于设计MassFX模拟。通过它，布料
对象可以参与物理模拟，既影响模拟中其他
对象的行为，同时
也受这些对象行为的
影响。mCloth修改
器包含"mCloth模
拟""力""捕获状
态""纺织品物理特
性""体积特性""交
互""撕裂""可视
化""高级"9个卷展
栏，如图11-20所示。

图 11-20

　　mCloth修改器与Cloth修改器的部分功能相
似，下面依次对各卷展栏中的重要参数进行介绍。

◆ 1.mCloth 模拟

　　"mCloth模拟"卷展
栏用于设置布料的运动属
性，如设置布料在运动过程
中的状态。"mCloth模拟"
卷展栏如图11-21所示。

图 11-21

◆ 2. 力

　　"力"卷展栏用于控制重力，将空间扭曲的力
应用于mCloth对象。"力"卷展栏如图11-22所示。

◆ 3. 捕获状态

"捕获状态"卷展栏用于获取或重置mCloth布料模拟的状态。"捕获状态"卷展栏如图11-23所示。

◆ 4. 纺织品物理特性

"纺织物品物理特性"卷展栏用于设置mCloth对象纺织物品参数的值，例如布料的密度、延展性等。"纺织物品物理特性"卷展栏如图11-24所示。

◆ 5. 体积特性

默认情况下，mCloth对象的行为类似于二维布料。但是，通过选择"启用气泡式行为"选项，可以模拟封闭体积的对象，如轮胎或垫子。"体积特性"卷展栏如图11-25所示。

◆ 6. 交互

"交互"卷展栏用于设置布料自身或与其他对象碰撞交互的一些碰撞属性。"交互"卷展栏如图11-26所示。

◆ 7. 撕裂

"撕裂"卷展栏用于全局控制布料对象的撕裂效果。"撕裂"卷展栏如图11-27所示。

◆ 8. 可视化

在"可视化"卷展栏中勾选"张力"复选框时，3ds Max 2022通过顶点着色的方法显示纺织品中的压缩和张力。拉伸的布料以红色表示，压缩的布料以蓝色表示，其他的以绿色表示，使用数值设置更改张力的范围。"可视化"卷展栏如图11-28所示。

◆ 9. 高级

"高级"卷展栏用于设置布料模拟计算时的方式。"高级"卷展栏如图11-29所示。

图 11-22

图 11-23

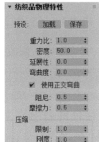

图 11-24

图 11-25

图 11-26

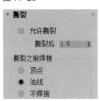

图 11-27

图 11-28

图 11-29

11.2 课后习题

本节准备了两个课后习题，读者可参考教学视频完成练习。

11.2.1 课后习题：制作桌布

场景位置　场景文件 >CH11> 桌子 .max
实例位置　实例文件 >CH11>11.2.1 课后习题：制作桌布 .max
学习目标　练习使用布料修改器制作布料

参考效果如图11-30所示。

图 11-30

11.2.2 课后习题：制作迎风飘扬的旗子

场景位置　场景文件 >CH11> 旗子 .max
实例位置　实例文件 >CH11>11.2.2 课后习题：制作迎风飘扬的旗子 .max
学习目标　练习布料系统的使用技巧

参考效果如图11-31所示。

图 11-31

第 12 章

商业综合案例

本章导读

本章将通过 3 个商业案例综合介绍 3ds Max 2022 在行业中的实际应用，帮助读者掌握其在游戏行业和影视包装行业的应用及相关技巧。

学习目标

- 掌握游戏场景的制作流程及相关技巧。
- 掌握家装效果图的制作流程及相关技巧。
- 掌握粒子特效的制作流程及相关技巧。

12.1 商业案例：Q版游戏场景效果表现

场景位置	场景文件 >CH12>Q 版海岛 .max
实例位置	实例文件 >CH12>12.1 商业案例：Q 版游戏场景效果表现 .max
学习目标	练习用 UVW 坐标、贴图绘制技术制作游戏场景的流程和方法

本案例省略了建模步骤，在已有的模型基础上调整UVW坐标，赋予模型贴图，构建一款Q版游戏场景。游戏场景的材质调整分为两个部分：一个是在3ds Max 2022里为模型进行棋盘格贴图、UVW展开、UVW坐标调整，最后输出UV展开图；另一个是将调整好的UV展开图导入图形图像处理软件，如Photoshop，进行贴图制作。通过本案例，读者可以掌握游戏场景构建的流程和制作方法，效果如图12-1所示。

图 12-1

房屋主体模型包括墙体和瓦面，如图12-2所示。瓦面的材质主要通过颜色填充来体现，而房屋主要包括石块、木制、做旧墙面和窗户材质，都将在一张UV展开图中进行绘制。

12.1.1 房屋贴图 UVW

图 12-2

◆ 1. 制作墙主体的贴图 UVW

01 单击主工具栏中的"材质编辑器"按钮，或按快捷键 M，打开"材质编辑器"窗口。选择一个空白材质球，将其命名为"墙体"，单击"漫反射"通道按钮，在弹出的"材质/贴图浏览器"对话框中选择"棋盘格"选项，如图 12-3 所示，单击"确定"按钮，关闭"材质 / 贴图浏览器"对话框。

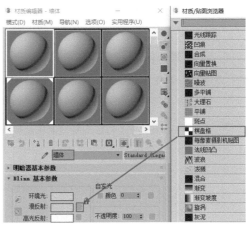

图 12-3

02 展开"坐标"卷展栏，设置"瓷砖"的 U、V 向值均为 10，如图 12-4 所示。单击"将材质指定给选定对象"按钮，将棋盘格材质赋予房屋主体,效果如图 12-5 所示。让棋盘格均匀分布在模型表面的目的是为后续将贴图均匀贴在模型上做准备,所以,在赋予棋盘格贴图的时候需要调整 U、V 向的值。如果棋盘格出现变形,那么模型贴图也会出现相应的变化。

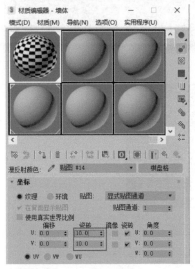

图 12-4

图 12-5

03 选择"房主体"对象,为其添加"UVW 展开"修改器,单击"编辑 UV"卷展栏中的"打开 UV 编辑器"按钮,如图 12-6 所示。

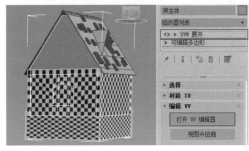

图 12-6

04 在弹出的"编辑 UVW"窗口中单击底部工具栏中的"面"按钮█,场景中模型对象的面(图中红色部分)即可被同时选中,如图 12-7 所示,这样就能方便地对 UVW 坐标进行编辑。图示绿色的线段包裹的多边形面为一个整体,如果需要将某些面进行分割,则需要使用相应的按钮。例如,墙体基脚部分是石头材质,需要选中相应的面,单击"断开"按钮▦进行分离,效果如图 12-8 所示。

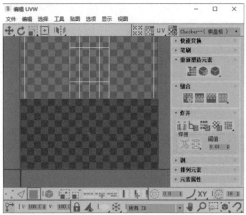

图 12-7

图 12-8

05 为避免多边形面之间交叉粘连,可用"移动选定的子对象"工具╋先将第 4 步分离的多边形面移出,如图 12-9 所示。再选中瓦面尖角部分的多边形,如图 12-10 所示。其在"编辑 UVW"窗口中显示为一条红线,不利于贴图,所以可以单击"炸开"卷展栏中的"材质 ID 展平"按钮▦将其展开,如图 12-11 所示。

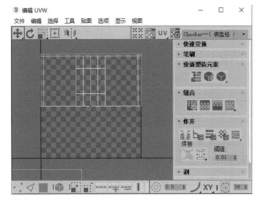

图 12-9

图 12-10

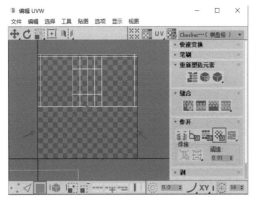

图 12-11

模板"命令，如图 12-15 所示。

图 12-12

图 12-13

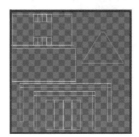

图 12-14

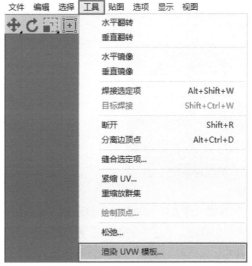

图 12-15

06 展开后的效果如图 12-12 所示。因前后的材质相同，可用"移动选定的子对象"工具 ✛ 将两个面进行重叠摆放，然后单击"缩放选定的子对象"按钮 ▣ 将其缩放排列在"编辑 UVW"窗口中，如图 12-13 所示。

07 将所有多边形面的 UVW 坐标排列好后，效果如图 12-14 所示。执行"工具 > 渲染 UVW

08 在弹出的"渲染 UVs"对话框中设置"宽度""高度"为 512，单击"渲染 UV 模板"按钮，如图 12-16 所示。弹出"渲染贴图"窗口，单击"保存"按钮 ▤，将模型 UV 保存，如图 12-17 所示。

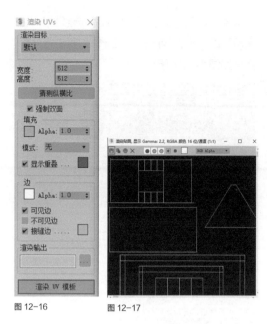

图 12-16　　　图 12-17

◆ 2. 制作瓦的贴图 UVW

01 单击主工具栏中的"材质编辑器"按钮，或按快捷键 M，打开"材质编辑器"窗口。选择一个空白材质球，将其命名为"瓦"，单击"漫反射"通道按钮，在弹出的"材质/贴图浏览器"对话框中选择"棋盘格"选项，如图 12-18 所示，单击"确定"按钮，关闭该对话框。

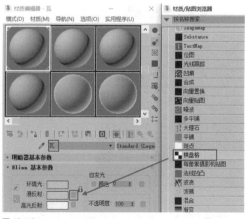

图 12-18

02 展开"坐标"卷展栏，设置"瓷砖"的 U 向值为 10、V 向值为 22，如图 12-19 所示。单击"将材质指定给选定对象"按钮，将棋盘格材

质赋予"屋面"对象，效果如图 12-20 所示。

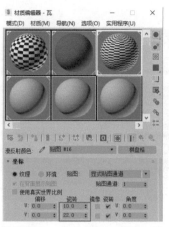

图 12-19

图 12-20

03 选择"屋面"对象，为其添加"UVW 展开"修改器，展开"UVW 展开"修改器的"编辑 UV"卷展栏，单击"打开 UV 编辑器"按钮，如图 12-21 所示。

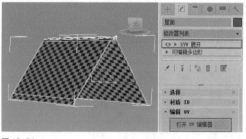

图 12-21

04 在弹出的"编辑 UVW"窗口中，单击底部工具栏中的"面"按钮，再单击"炸开"卷展栏中的"断开"按钮对其进行分离，如图 12-22 所示，效果如图 12-23 所示。

05 选择"屋面"尖角部分的面，单击"断开"

按钮 █ ，对其进行分离，如图 12-24 和图 12-25 所示。

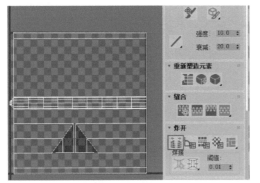

图 12-22

图 12-23

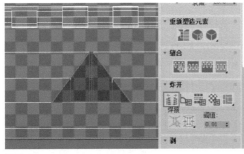

图 12-24

图 12-25

06 将第 4、5 步分离的面移出后，选择图 12-26 所示的面，单击"断开"按钮 █ ，对其进行分离，效果如图 12-27 所示。

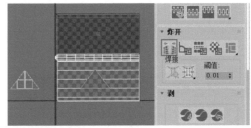

图 12-26

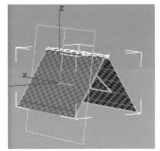

图 12-27

07 仔细观察，"屋面"两侧的贴图是一致的，所以可以将第 6 步分离的面与另一侧的面进行重叠分布。结合使用"移动选定的子对象"工具 █ 和"自由形式模式"工具 █ ，调整好所有的面，如图 12-28 所示。

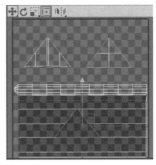

图 12-28

08 执行"工具 > 渲染 UVW 模板"命令，打开"渲染 UVs"对话框，设置"宽度""高度"为 512，单击"渲染 UV 模板"按钮，如图 12-29 所示，弹出"渲染贴图"窗口，单击"保

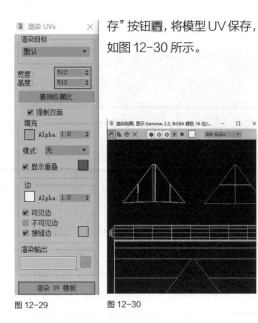

图 12-29　　　　图 12-30

存"按钮，将模型 UV 保存，如图 12-30 所示。

12.1.2　绘制墙面、窗户和瓦面的贴图

　　贴图的绘制是为游戏模型贴图的重要环节，绘制贴图采用多种材质叠加、手绘材质的方式，或者结合使用多种方式，以充分表达物体表面的材质质感。制作游戏模型贴图一般根据原画进行图像加工，如果没有原画，类似本案例中的Q版对象，主要是用色块进行填充，也可以直接使用软件进行绘制。

> 💡 技巧与提示
>
> 本小节涉及 Photoshop 的操作，这里仅列出主要操作步骤，如对该软件操作不熟悉，请参考本案例配套的教学视频。

◆ 1. 制作墙面、窗户的贴图

01 打开Photoshop，执行"文件>新建"命令（快捷键 Ctrl+N），在弹出的"新建"对话框中设置"名称"为"墙面贴图"，"宽度""高度"设为 512，使其与导出的 UV 贴图大小一致，设置"背景内容"为"透明"，单击"确定"按钮，如图 12-31 所示。

02 导入本书配套资源中的"实例文件 >CH12>贴图 >屋主体 UV.jpg"文件，单击"创建新图

层"按钮，分别新建"石头墙面""墙面""窗户""木纹"4 个图层，如图 12-32 所示。

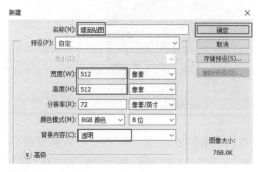

图 12-31

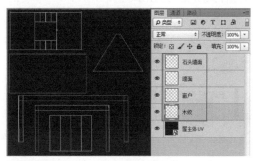

图 12-32

03 在 Photoshop 中打开本书配套资源中的"实例文件 >CH12> 贴图 >墙面 .jpg、石头 .jpg 和门板 .jpg"文件，截取部分图形，分别填充到"石头墙面""墙面""窗户"图层中，如图 12-33 所示。

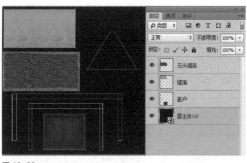

图 12-33

04 单击"屋主体 UV"图层，使用"多边形套索工具"选择图 12-33 中还未填充图形的绿色区域，保持选区，再选择"木纹"图层，使用"油漆桶工具"进行填充，如图 12-34 所示。

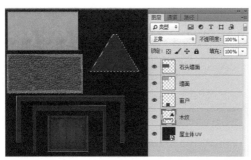

图 12-34

05 为图像添加贴图细节,如"内发光"效果,使用"画笔"工具 ✎ 添加纹理等,最后删除"屋主体 UV"图层,如图 12-35 所示。

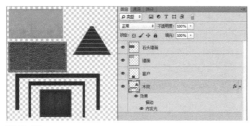

图 12-35

◆ 2. 制作屋面的贴图

01 导入本书配套资源中的"实例文件 >CH12> 贴图 > 屋面 UV.jpg"文件,单击"创建新图层"按钮 ,分别添加"侧边瓦""脊梁瓦""三角窗""三角窗底"4 个图层,如图 12-36 所示。

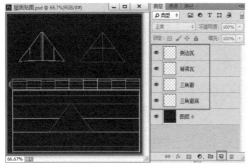

图 12-36

02 使用"多边形套索工具" ,在"图层 0"上选择相应的区域,选择"三角窗底"图层,使用"油漆桶工具" 进行填充,单击"添加图层样式"按钮 ,为图层添加"内发光"效果,

如图 12-37 所示。

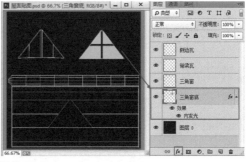

图 12-37

03 使用"多边形套索工具" 在"图层 0"上选择相应的区域,分别选择"三角窗""侧边瓦""脊梁瓦"图层,使用"油漆桶工具" 进行填充,单击"添加图层样式"按钮 为其添加"内发光"效果,最后删除"图层 0",如图 12-38 所示。

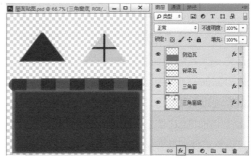

图 12-38

12.1.3 匹配 Photoshop 贴图与模型

此小节将三维模型与用 Photoshop 处理的贴图进行结合,赋予模型材质。这样的贴图方式比较节省内存空间,游戏场景或模型在运行的过程中,速度较快,是游戏场景表现中常用的贴图技术。

01 单击主工具栏中的"材质编辑器"按钮 ,或按快捷键 M,打开"材质编辑器"窗口。选择一个空白材质球,将其命名为"墙主体贴图",单击"漫反射"通道按钮 ,在弹出的"材质 / 贴图浏览器"对话框中选择"位图"选项,如图

12-39 所示，单击"确定"按钮，关闭该对话框。

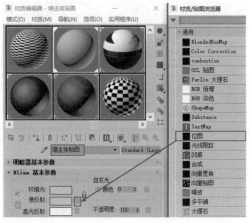

图 12-39

02 完成第 1 步后，在弹出的"选择位图图像文件"对话框中，找到保存的"墙面贴图 .psd"文件，单击"打开"按钮，在弹出的"PSD 输入选项"对话框中选择"塌陷层"单选项，如图 12-40 所示，单击"确定"按钮完成设置。

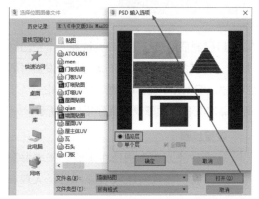

图 12-40

> 💡 技巧与提示
>
> "塌陷层"并不是将图层合并，只是在 3ds Max 2022 中合并图层，原文件不会发生改变。

03 单击主工具栏中的"材质编辑器"按钮，或按快捷键 M，打开"材质编辑器"窗口。选择一个空白材质球，将其命名为"屋面贴图"，单击"漫反射"通道按钮，在弹出的"材质 / 贴图浏览器"对话框中选择"位图"选项，如图

12-41 所示，单击"确定"按钮，关闭该对话框。

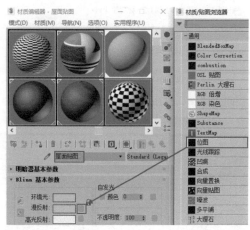

图 12-41

04 完成第 3 步后，在弹出的"选择位图图像文件"对话框中，找到保存的"屋面贴图 .psd"文件，单击"打开"按钮，在弹出的"PSD 输入选项"对话框中选择"塌陷层"单选项，如图 12-42 所示，单击"确定"按钮。

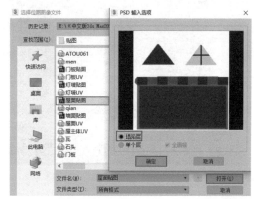

图 12-42

05 将相应的材质球指定给场景中的模型对象后，效果如图 12-43 所示。

图 12-43

12.2 商业案例：中式会客厅效果表现

场景位置	场景文件 >CH12> 会客厅 .max
实例位置	实例文件 >CH12>12.2 商业案例：中式会客厅效果表现 .max
学习目标	练习中式风格的材质、日光的表现手法

本案例制作中式装饰主题的会客厅室内空间效果图，材质与灯光的布置是本案例的重点，案例效果如图12-44所示。

图 12-44

12.2.1 制作材质

本案例的场景对象材质主要包括大理石地板材质、乳胶漆墙面材质、木纹椅子材质、大理石桌子材质、纱幔材质、布艺窗帘材质、灯具材质、玻璃门材质等，如图12-45所示。

图 12-45

◆1. 制作大理石地板材质

01 打开本书配套资源中的"场景文件 >CH12> 会客厅 .max"文件，如图 12-46 所示。

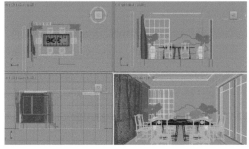

图 12-46

02 打开"材质编辑器"窗口，选择一个空白材质球，将其命名为"大理石地板"，设置材质类型为 VRayMtl，具体参数设置如图 12-47 所示，制作好的材质球效果如图 12-48 所示。

设置步骤

①在"漫反射"通道中加载一张本书配套资源中的"场景文件>CH12>贴图>大理石095"贴图。

②设置"反射"的"光泽度"为0.95，取消勾选"菲涅尔反射""影响阴影"复选框，分别设置"反射""折射"的"最大深度"为5。

③展开"双向反射分布函数"卷展栏，设置类型为"布林"。

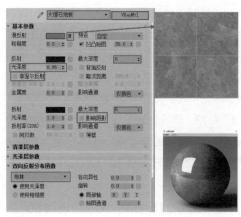

图 12-47　　　　　　图 12-48

◆ 2.制作乳胶漆墙面材质

选择一个空白材质球，将其命名为"乳胶漆墙面"，设置材质类型为VRayMtl，具体参数设置如图12-49所示，制作好的材质球效果如图12-50所示。

设置步骤

①设置"漫反射"的颜色为紫色（红：210，绿：210，蓝：210）。

②设置"反射"的"最大深度"为5、"折射"的"最大深度"为5。

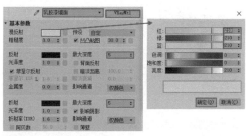

图 12-49

图 12-50

◆ 3.制作木纹椅子材质

选择一个空白材质球，将其命名为"桌椅木纹"，设置材质类型为VRayMtl，具体参数设置如图12-51所示，制作好的材质球效果如图12-52所示。

设置步骤

①设置"漫反射"颜色为深褐色（红：11，绿：8，蓝：7），在"漫反射"通道中加载一张本书配套资源中的"场景文件>CH12>贴图>A木纹006.jpg"贴图。

②设置"反射"颜色为浅灰色（红：106，绿：106，蓝：106）、"光泽度"为0.85。

③展开"双向反射分布函数"卷展栏，设置类型为"布林"。

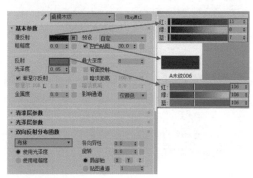

图 12-51

图 12-52

◆ 4.制作大理石桌子材质

选择一个空白材质球，将其命名为"大理石桌子"，设置材质类型为VRayMtl，具体参数设置如图12-53所示，制作好的材质球效果如图12-54所示。

设置步骤

①设置"漫反射"颜色为墨黑色（红：3，绿：3，蓝：3），在"漫反射"通道中加载一

张本书配套资源中的"场景文件>CH12>贴图>ATOU079.jpg"贴图。

②设置"反射"颜色为黑色（红：0，绿：0，蓝：0）、"光泽度"为0.85，取消勾选"菲涅尔反射"复选框。在"反射"通道中加载反射贴图，再设置"衰减类型"为Fresnel。

③展开"双向反射分布函数"卷展栏，设置类型为"布林"。

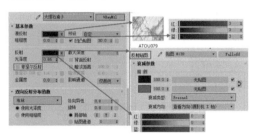

图 12-53

图 12-54

◆ 5. 制作纱幔材质

选择一个空白材质球，将其命名为"纱幔"，设置材质类型为VRay双面材质，双面材质中包含多个层级设置，具体参数设置如图12-55和图12-56所示，制作好的材质球效果如图12-57所示。

设置步骤

①设置"正面材质"为VRayMtl，在"漫反射"通道中加载一张衰减贴图。进入"衰减参数"卷展栏，在"前"通道中加载一张本书配套资源中的"场景文件>CH12>贴图>ATOU080.jpg"贴图，再设置"前"通道颜色为白色，值设为50。返回"纱幔"主材质面板，设置"半透明"颜色为深灰色（红：64，绿：64，蓝：64）。

②展开正面材质的"贴图"卷展栏，设置"不透明度"值为100，在通道中加载衰减贴图。在"衰减参数"卷展栏中设置"前"通道颜色为深灰色，并在通道中加载一张本书配套资源中的"场景文件>CH12>贴图>ATOU080.jpg"贴图，值设为20；设置"侧"通道颜色为浅灰色，并在通道中加载一张本书配套资源中的"场景文件>CH12>贴图>ATOU080.jpg"贴图，值设为50。

③返回正面材质的"贴图"卷展栏，在"凹凸"通道中加载混合贴图。在"混合参数"卷展栏中设置"颜色#1"通道的颜色为深灰色，并在通道中加载一张本书配套资源中的"场景文件>CH12>贴图>ATOU080.jpg"贴图。设置"颜色#2"通道的颜色为白色，并在通道中加载一张本书配套资源中的"场景文件>CH12>贴图>ATOU081.jpg"贴图，设置"混合量"为70。

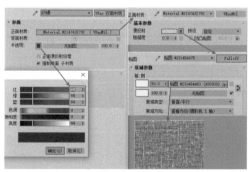

图 12-55

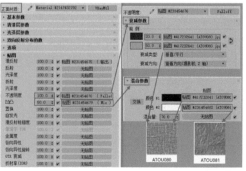

图 12-56

图 12-57

◆ 6. 制作布艺窗帘材质

选择一个空白材质球，将其命名为"布艺窗帘"，设置材质类型为VRayMtl，具体参数设置如图12-58所示，制作好的材质球效果如图12-59所示。

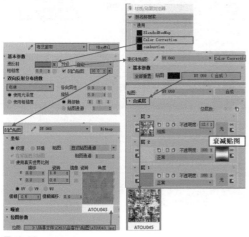

图 12-58

图 12-59

设置步骤

①在"漫反射"通道中加载一张Color Correction贴图，并进入Color Correction贴图，在"基本参数"卷展栏中加载合成贴图，展开"合成层"卷展栏，设置层数为3。在"层3"纹理通道中加载一张本书配套资源中的"场景文件>CH12>贴图>ATOU045.jpg"贴图，设置"不透明度"为12，在"层2"遮罩通道中加载衰减贴图。

②设置"凹凸贴图"强度为10；单击"通道"按钮■，在"凹凸贴图"通道中加载"场景文件>CH12>贴图>ATOU043.jpg"贴图，在"坐标"卷展栏中设置"瓷砖"U向值为1.8、V向值为0.8，设置"模糊"为0.5。

③展开"双向反射分布函数"卷展栏，设置类型为"布林"。

◆ 7. 制作灯具材质

灯具的材质由两部分组成：一是灯具骨架、装饰物，二是灯罩材质。选择一个空白材质球，将其命名为"灯具"，设置材质类型为"多维/子对象"、"设置数量"为2，分别为子材质1、子材质2指定材质类型为VRayMtl，如图12-60所示。"装饰""灯罩"子材质的具体参数设置如图12-61和图12-62所示。

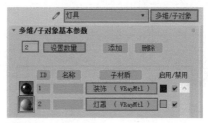

图 12-60

设置步骤

①单击进入"装饰"子材质面板，设置"漫反射"颜色为黑色（红：2，绿：2，蓝：2）。

②设置"反射"颜色为黑灰色（红：74，绿：74，蓝：74）、"光泽度"为0.85，设置"折射率"为15。

③展开"双向反射分布函数"卷展栏，设置类型为"布林"。

④单击进入"灯罩"子材质面板，设置"漫反射"颜色为灰色（红：168，绿：167，蓝：166）、"凹凸贴图"为2。

⑤设置"反射"颜色为黑色（红：35，

绿：35，蓝：35）、"光泽度"为0.6；单击"菲涅尔IOR"解锁按钮 L，设置"菲涅尔IOR"的值为1.4；设置"折射"颜色为黑色（红：55，绿：55，蓝：55）、"光泽度"为0.75、"折射率(IOR)"为1.01。

⑥展开"双向反射分布函数"卷展栏，设置类型为"布林"。

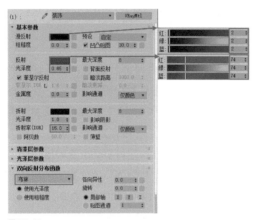

图 12-61

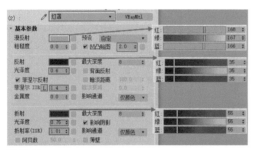

图 12-62

◆ 8. 制作玻璃门材质

选择一个空白材质球，将其命名为"玻璃门"，设置材质类型为VRayMtl，具体参数设置如图12-63所示，制作好的材质球效果如图12-64所示。

设置步骤

①设置"漫反射"颜色为白色（红：240，绿：240，蓝：240）。

②设置"反射"颜色为深灰色（红：40，绿：40，蓝：40），取消勾选"菲涅尔反射"复选框；设置"折射"颜色为灰色（红：140，绿：140，蓝：140）、"光泽度"为0.9、"折射率(TOR)"为1.6，取消勾选"影响阴影"复选框。

③展开"双向反射分布函数"卷展栏，设置类型为"布林"。

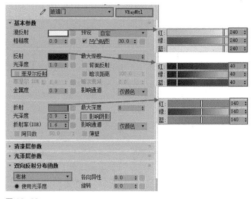

图 12-63

图 12-64

12.2.2 设置灯光

本案例场景中主要包括灯带光源、吊灯光源、书柜光源和户外光源，如图12-65和图12-66所示。

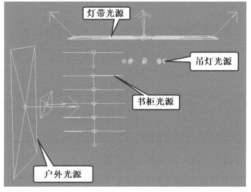

图 12-65

图 12-66

01 墙壁上的装饰是自发光材质，可以反射周围的灯光，无须创建专门的灯光。选择一个空白材质球，将其命名为"灯光"，设置材质类型为"VRay 灯光材质"，设置灯光"颜色"为橘黄色（红：255，绿：199，蓝：138）、强度为 3，如图 12-67 所示。

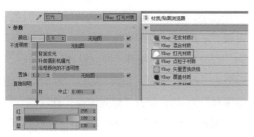

图 12-67

02 在顶视图中创建一盏 VRay 灯光，修改其"类型"为"球体灯"、"半径"为 40、"倍增"为 30、"颜色"为樱花粉色（红：255，绿：240，蓝：240）；单击主工具栏中的"旋转"按钮 **C**，按住 Shift 键旋转复制出其他 7 个球体灯，并调整其位置到灯具模型内，如图 12-68 所示。

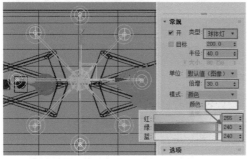

图 12-68

03 在视图中创建一盏 VRay 灯光，修改其"类型"为"平面灯"、"长度"为 2912.684、"宽度"为 40（长度、宽度可根据实际情况调整）、"倍增"为 25、"颜色"为橘黄色（红：255，绿：212，蓝：166）；单击主工具栏中的"旋转"按钮 **C**，按住 Shift 键旋转复制出其他 3 个平面灯，并调整其位置到吊顶模型处，如图 12-69 所示。

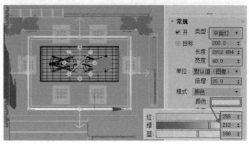

图 12-69

04 在视图中创建一盏 VRay 灯光，修改其"类型"为"平面灯"、"长度"为 400、"宽度"为 1500（长度、宽度可根据实际情况调整）、"倍增"为 25、"颜色"为浅蓝色（红：215，绿：232，蓝：255），调整其位置到窗户模型中间处，如图 12-70 所示。

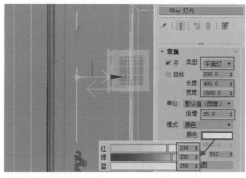

图 12-70

05 在视图中创建一盏 VRay 灯光，修改其"类型"为"平面灯"、"长度"为 2435.847、"宽度"为 3809.915（长度、宽度可根据实际情况调整）、"倍增"为 6、"颜色"为浅蓝色（红：215，绿：232，蓝：255），调整其位置到窗户模型外侧，使其作为户外光源，如图 12-71 所示。

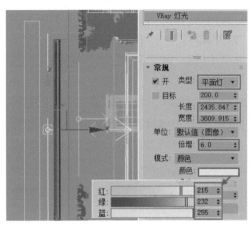

图 12-71

06 在视图中创建一盏 VRay 灯光，修改其"类型"为"平面灯"、"长度"为 1470、"宽度"为 25（长度、宽度可根据实际情况调整）、"倍增"为 25、"颜色"为橘黄色（红：255，绿：206，蓝：153），调整其位置到书柜模型处；按住 Shift 键向下拖曳复制出 5 盏灯光，如图 12-72 所示。

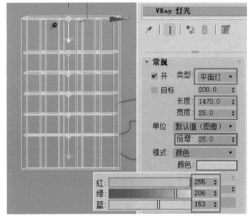

图 12-72

12.2.3 渲染设置

01 按快捷键 F10 打开"渲染设置"窗口，在"公用参数"卷展栏中设置"宽度"为 1280、"高度"为 720（宽度、高度可根据实际需求调整），如图 12-73 所示。

图 12-73

02 单击 V-Ray 选项卡，展开"全局开关"卷展栏，设置为"专家"模式；展开"图像采样器（抗锯齿）"卷展栏，设置"类型"为"渲染块"，如图 12-74 所示。

图 12-74

03 单击 GI 选项卡，展开"全局光照"卷展栏，设置"主要引擎"为"发光贴图"、"辅助引擎"为"灯光缓存"；展开"发光贴图"卷展栏，设置为"专家"模式，设置"细分"为 65、"插值采样"为 65；展开"灯光缓存"卷展栏，设置"细分"为 2000、"采样大小"为 0.1，取消勾选"折回"复选框，以在提高渲染质量的同时优化渲染时间，如图 12-75 所示。

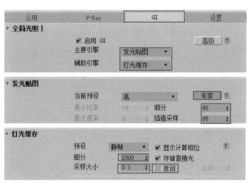

图 12-75

04 单击"设置"选项卡，展开"系统"卷展栏，设置为"专家"模式，设置"序列"为"上 -> 下"、"动态内存（MB）"为 4000，取消勾选"优化大气求值"复选框，方便观察渲染效果，如

图12-76所示。

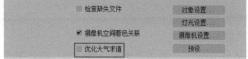

图 12-76

05 按快捷键 F9 渲染当前场景，最终效果如图 12-77 所示。

图 12-77

12.3 商业案例：粒子的应用

本节将介绍3ds Max 2022的粒子系统，分别从基础粒子的应用和高级粒子的应用两个方面进行介绍。粒子系统可以模拟云、雾、雨雪、星空或者水等效果，还可以创建爆炸、灰尘、火花、气流等特效。在动画表现中，粒子系统作为一个独立的系统集合，在自定义场景中的粒子行为，表现成群的动画效果，如蒲公英飘散、热带鱼群游动动画等方面具备独特的优势。

12.3.1 基础粒子案例：制作飘雪动画

场景位置	无
实例位置	实例文件 >CH12>12.3.1 基础粒子案例：制作飘雪动画.max
学习目标	学习如何使用雪粒子系统制作飘雪动画

本小节主要介绍非事件驱动粒子系统，即粒子系统。3ds Max 2022中的非事件驱动粒子系统主要包括粒子流源粒子系统、喷射粒子系统、雪粒子系统、超级喷射粒子系统、暴风雪粒子系统、粒子阵列粒子系统和粒子云粒子系统7种类型。雪粒子系统和喷射粒子系统的操作方法相对简单，故本书将其纳入基础粒子部分；暴风雪粒子系统、超级喷射粒子系统、粒子阵列粒子系统、粒子云粒子系统、粒子流源粒子系统可设置的参数项较多，操作复杂，故本书将其纳入高级粒子部分。本案例效果如图12-78所示。

图 12-78

操作步骤

01 设置下雪的环境背景。单击主工具栏中的"材质编辑器"按钮█或者按快捷键M，打开"材质编辑器"窗口，选择一个空白材质球并将其命名为"背景"，设置材质类型为"标准(旧版)"，在"漫反射"贴图通道中加载本书配套资源中的"场景文件 >CH12> 材质 > 雪景 .jpg"文件作为背景贴图，如图 12-79 所示。

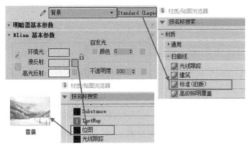

图 12-79

02 执行"渲染 > 环境"命令或者按快捷键 F8，打开"环境和效果"窗口，将第 1 步制作的材质球指定给"环境贴图"通道，并设置材质球的"坐标"为"环境"，如图 12-80 所示。

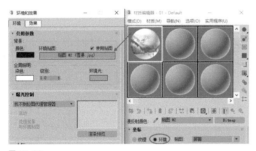

图 12-80

03 单击"几何体"选项卡"粒子系统"中的"雪"按钮，如图 12-81 所示。在顶视图中进行创建，拖曳时间滑块可观察效果，如图 12-82 所示。

图 12-81

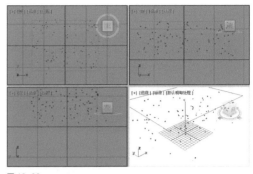

图 12-82

04 选中粒子，单击"修改"按钮，在粒子系统的"参数"卷展栏中，设置"渲染计数"为 10000、"雪花大小"为 2cm、"速度"为 10、"变化"为 4，设置渲染形状为"面"，在"计时"选项组中设置"开始"为 -30、"寿命"为 100，如图 12-83 所示，效果如图 12-84 所示。

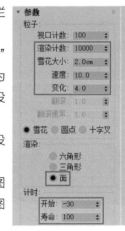

图 12-83

图 12-84

05 单击主工具栏中的"材质编辑器"按钮或按快捷键 M，在"材质编辑器"窗口中选择一个空白材质球，并将其命名为"雪材质"，材质类型设为"标准 (旧版)"，如图 12-85 所示。

06 展开"Blinn 基本参数"卷展栏，设置"漫反射"颜色为白色（红：255，绿：255，蓝：255），设置"自发光"选项组中的"颜色"为80，在"不透明度"通道加载"渐变"贴图，在"渐变参数"卷展栏中设置"颜色2位置"为0.8、"渐变类型"为"径向"，修改"噪波"的"数量"为0.4、"大小"为0.3，如图12-86所示。

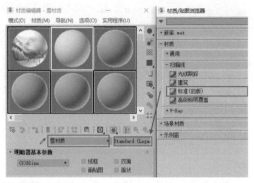

图 12-85

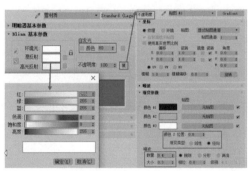

图 12-86

07 在视图中选择雪粒子，单击"将材质指定给选定对象"按钮，将材质指定给雪粒子，如果想在视图中观察效果，可单击"视口中显示明暗处理材质"按钮，如图12-87所示。

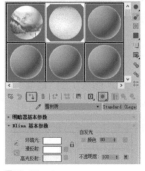

图 12-87

08 粒子运动的效果应该是有一些模糊的，所以，可以在视图中选中粒子，单击鼠标右键，在弹出的菜单中执行"对象属性"命令，在弹出的"对象属性"对话框中设置"运动模糊"的类型为"图像"，并设置其"倍增"为0.5，如图12-88和图12-89所示，完成飘雪效果的制作。

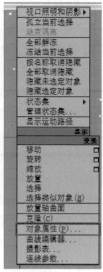

图 12-88

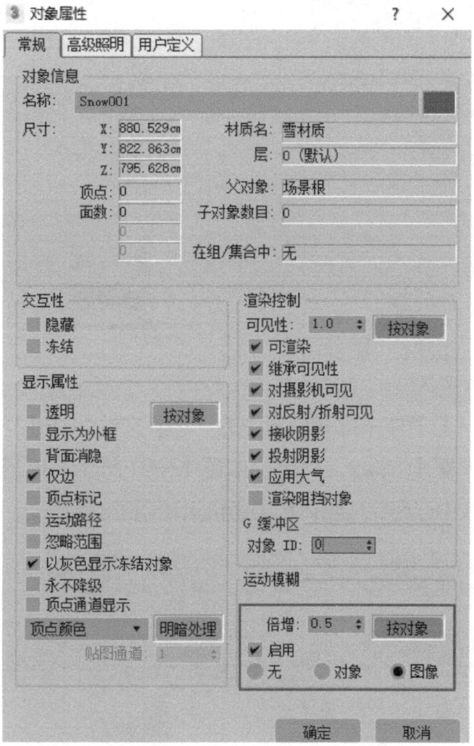

图 12-89

12.3.2 高级粒子案例：制作薄荷柠檬水动画

场景位置	场景文件 >CH12> 柠檬水 .max
实例位置	实例文件 >CH12>12.3 .2 高级粒子案例：制作薄荷柠檬水动画 .max
学习目标	学习如何使用粒子流源粒子系统制作薄荷柠檬水动画

高级粒子系统可用于创建复杂多变的粒子动画，粒子的触发事件使用流程图的形式表达，不同的粒子测试结果可以发送给多个事件。在粒子流源粒子系统的"粒子视图"中，可采用可视化的方式创建和编辑事件，每一个事件都能为粒子指定属性和行为，相当于一个简单的程序设计。这段程序可影响粒子的运动，改变粒子的属性，与场景中的其他对象相互作用，从而重新定义粒子的状态、形状、行为等。本小节通过薄荷柠檬水动画的制作，帮助读者快速了解用高级粒子系统制作动画的流程和基本操作方法。本案例效果如图12-90所示。

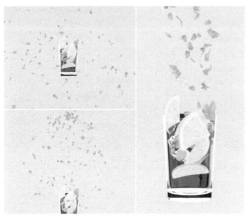

图 12-90

01 打开本书配套资源中的"场景文件 >CH12>柠檬水 .max"文件，如图 12-91 所示，该场景中已经完成物体和摄影机运动动画的制作。

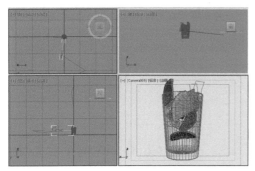

图 12-91

02 单击"粒子系统"中的"粒子流源"按钮，

在场景中创建粒子系统，并修改其"发射器图标"的"徽标大小"为3cm、"图标类型"为"球体"、"直径"为20cm（直径的范围即粒子扩展的范围），如图 12-92 和 图 12-93 所示。

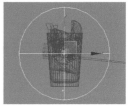

图 12-92 　　　　　图 12-93

03 在"设置"卷展栏中单击"粒子视图"按钮，弹出"粒子视图"窗口，如图 12-94 所示。

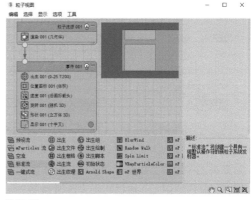

图 12-94

04 单击"出生 001"，在右边的参数卷展栏中设置"发射停止"为16，如图 12-95 所示。单击"速度001"，在右边的参数卷展栏中设置"速度"为60cm、"方向"为"图标中心朝外"，如图 12-96 所示。

05 选择"粒子视图 > 仓库 > 图形实例"替换"事件 001"中的"形状 001"，然后在"图形实例 001"的参数卷展栏中单击"粒子几何体对象"中的"无"按钮，拾取场景中的"飘叶"对象，如图 12-97 所示。

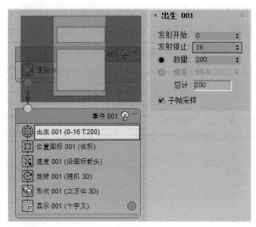

图 12-95

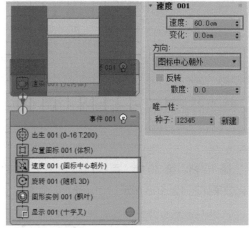

图 12-96

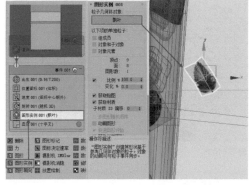

图 12-97

06 因"显示"和"图形实例"事件不具备继承性，所以，可以将其拖曳至"粒子流源 001"主事

件栏，设置"显示 001"参数卷展栏中的类型为"几何体"；选择"粒子视图 > 仓库 > 年龄测试"到"事件 001"中，并修改"年龄测试001"参数卷展栏中的"测试值"为 10，如图12-98 所示。此步骤的作用是设置当粒子年龄大于 10 触发某事件。

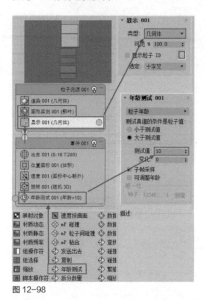

图 12-98

07 选择"粒子视图 > 仓库 > 速度"和"粒子视图 > 仓库 > 年龄测试"添加到事件显示窗口，修改"速度 002"参数卷展栏中的"速度""变化"为 0cm，并将"事件 001"的"年龄测试001"连接到"事件 002"，如图 12-99 所示。此步骤的目的是让年龄大于 10 的粒子保持静止状态。修改"年龄测试"参数卷展栏中的"测试值"为 6，为下一步做准备。

08 选择"粒子视图 > 仓库 >Find Target（查找目标）"添加到事件显示窗口，将"事件 003"连接到"事件 002"的"年龄测试002"上，在窗口的右侧修改"Find Target001"参数卷展栏中的"目标点""小于"为1cm、"速度"为 30cm、"变化"为 0cm、"加速度限制"为 100cm，"目标"选择"网格对象"类型，单击"按列表"按钮拾取场景中名为"上"的小球,因为"上"小球具备动画,还需要勾选"跟随目标动画"复选框,如图 12-100 所示。此步骤的目的是让第 7 步中静止的粒子"吸附"到"上"小球目标动画中,并随小球的运动路径改变粒子的运动路径。

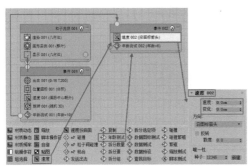

图 12-99

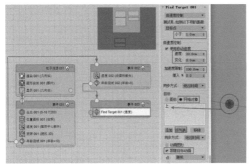

图 12-100

09 选择"粒子视图 > 仓库 >Find Target""粒子视图 > 仓库 > 缩放"添加到事件显示窗口,将"事件 003"中的"Find Target 001(速度)"连接到"事件 004"上,修改"Find Target 002"参数卷展栏中的"目标点""小于"为1cm、"速度"为 50cm、"变化"为 0cm、"加速度限制"限制为 100cm,"目标"选择"网格对象"类型,单击"按列表"按钮拾取场景中名为"下"的小球,此小球在场景中的杯子对象中间,用于重新改变粒子的运动路径,如图12-101 所示。

10 选择"粒子视图 > 仓库 > 删除"添加到事件显示窗口,将"事件 004"中的"Find Target

002(速度)"连接到"事件 005"上,修改"缩放 001"参数卷展栏中的"比例因子"为 90,如图 12-102 所示。此操作的目的是让粒子"吸附"到"下"小球目标后,逐渐缩小,然后被删除。

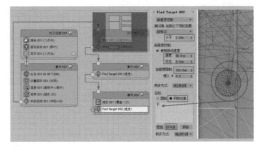

图 12-101

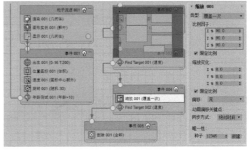

图 12-102

11 第 15 帧、第 50 帧、第 65 帧的粒子运动变化效果如图 12-103 所示。

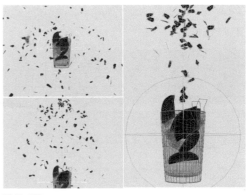

图 12-103

💡 技巧与提示

对于粒子动画的变化及操作步骤,结合本小节的案例教学视频,掌握起来更方便、快捷。